조지 가모브
물리열차를 타다

승산

옮긴이 / 승영조

1991년 중앙일보 신춘문예 문학평론에 당선됐고, 한국산업은행에서 10년 남짓 일했으며, 옮긴 책으로는 〈전쟁의 역사〉, 〈인디언 여름〉, 〈아름다운 정신〉(공역) 외 10여 종이 있으며, 지은 책으로는 〈창의력 느끼기〉가 있다.

MR. THOMPKINS IN PAPERBACK
by George Gamow
Copyright ⓒ 1993 by George Gamow
Korean language edition published by arrangement
with Cambridge University Press and Shin Won Agency Co.
Translation copyright ⓒ 2001 by Seung San Publishers

이 책의 한국어판 저작권은 Shin Won Agency를
통한 Cambridge University Press와의
독점계약으로 도서출판 승산에 있습니다.
신저작권법에 의해 한국 내에서 보호를 받는 저작물이므로
무단 전재와 무단 복제를 금합니다.

조지 가모브, 물리열차를 타다.
초판 1쇄 발행 2001년 6월 5일
초판 7쇄 발행 2018년 4월 10일

지 은 이 · 조지 가모브
옮 긴 이 · 승영조
펴 낸 곳 · 도서출판 승산
펴 낸 이 · 황승기
편　　집 · 정진희, 김중석
마 케 팅 · 김현호
등록번호 · 제16-1639
등록일자 · 1998. 4. 2
주　　소 · 서울시 강남구 테헤란로34길 17 혜성빌딩 402호
전　　화 · (02)865-6111 / FAX: (02)865-6118
E-mail · books@seungsan.com

ISBN 89-88907-17-5　03400

· 잘못 만들어진 책은 친절히 바꿔 드리겠습니다.
· 값은 표지에 있습니다.
· 도서출판 승산은 좋은 책을 만들기 위해
　언제나 독자의 소리에 귀를 기울이고 있습니다.

이런 게 바로 과학이야.

대형 성단이든, 작은 박테리아든, 소립자든,
주변의 모든 것을 이해하려는 인간 정신이 바로 과학이지.
우리는 이 일이 너무나 재미있고
너무나 신나기 때문에 계속하고 있는거야.

조지 가모브

추천사

조지 가모브의 보석과도 같은 두 책이 페이퍼백으로 합본되어 출간된다는 사실을 알고 나는 여간 기쁘지 않았다. 이 책은 빛의 속도가 줄어들고 플랑크 상수가 커진 신기한 세계에서 탐킨스 씨가 벌이는 모험을 다루고 있다. 너무나 흥미진진했던 이 책을 50년 전에 처음 읽었을 때의 흥분을 아직도 잊을 수가 없다. 전문가라면 이 책이 슬그머니 얼버무린 사소한 부분들을 꼬집을 수 있을 것이다. 그러나 그동안 물리학이 여러 방면에서 발전을 거듭해 왔지만, 물리학의 기초가 된 상대성이론과 양자론은 전혀 변한 것이 없다. 가모브는 탁월한 이야기꾼의 재능을 발휘하여, 이 기초 물리학-아직도 참으로 현대적인 이 물리학-의 애매모호하고 까다로운 점들을 어린이까지 매료시킬 만큼 매혹적이고도 마법적인 이야기로 풀어내고 있다.

내가 꽤 어렸을 때 탐킨스 씨 이야기를 직접 읽었던 기억이 아직도 생생하다. 그때 이 이야기를 읽고 느꼈던 매혹은 그 후 내가 평생 동안 기본 물리학을 연구하게 된 커다란 계기가 되었다. 양자 정글의 호랑이, 신비한 색깔의 핵자 *nucleon* 공이 잔뜩 들어 있는 목각 상자, 상대성원리 때문에 납작해진 자전거, 소우주가 수축해서 무너져 내리려고 하자 '엎드려서 관찰해보자'고 외치던 노교수를 나는 아직도 잊을 수가 없다. 아이였던 내게 현대물리학을 생생하고 실감나게 설명해준 사람이 바로 탐킨스 씨였다. 그래서 탐킨스 씨가 다른 수많은 사람들에게도 그런 흥미로운 이야기를 앞으로도 변함없이 들려줄 거라고 나는 확신한다.

1940년대에 씌어지고 1965년에 증보된 가모브의 이 책은 상대성이론, 우주론, 양자론, 입자물리학의 일반 원칙을 주제로 삼고 있다. 이 책은 이제 시대에 뒤떨어졌을까? 그렇지 않다. 아주 사소한 것만 제외하고, 가모브가 설명한 현대물리학의 본질은 전혀 바뀌지 않았다. 가모브의 이야기는 50여 년이 지난 지금에도 여전히 현대적이다. 가모브의 시대 이후 물리학이 나아간 주된 방향은 입자물리학과 관련된 것이었다. 그의 시대에 비하면 더 많은 입자가 밝혀졌고, 그것들을 설명하는 훌륭한 이론도 많이 나왔다. 우리는 핵자의 하부 구조(쿼크 따위)와 입자의 강하고 약한 상호작용('표준 모델'로 알려진 것의 기초가 되는 '게이지 이론' 따위)에 대해 더 많은 것을 알게 되었다. 중성미자에 대한 이론과 실험도 잘 정립되었다—그런데 가모브가 이 책을 쓸 당시나 지금이나 중성미자가 수수께끼 같은 존재인 것은 마찬가지다.

상대성이론과 관련하여, 가모브가 자전거나 시가지가 납작하게 보인다고 묘사한 것은 우리의 직관에 도움을 준다. 그러나 관찰자에게 실제로 그렇게 보이는 것은 아니다. 빛의 속도에도 한계가 있다는 것을 생각하면, 물체가 빛의 속도로 스쳐 지나갈 때 납작하게 보이기보다는 회전하는 것처럼 보일 것이다. 블랙홀이 이해되기 전에 가모브가 이 책을 썼다는 것은 참 아쉬운 일이다. 그가 블랙홀을 알았더라면 틀림없이 블랙홀에 대한 신기한 이야기도 들려주었을 것이다. 블랙홀과 빅뱅 때문에 야기되는 특이점의 불가피성과 그 성질을 알게 된 우리는 이제 닫힌 우주가 팽창과 수축을 반복한다는 이론을 의심하게 되었다. 그러나 우주론과 우주의 기원에 대한 예언적인 가모브의 판단은 아직도 심오한 깊이를 지니고 있다. 가모브 자신도 결론을 내리지 못한 것처럼, 우주가 공간적으로 열려 있는지 닫혀 있는지에 대해서는 아직도 결론이 나지 않았다. 그러나 우주가 안정된 상태를 지녔다는 주장은 폐기되었는데, 이것은 가모브가 이미 예견한 것이었다. 또 우주의 기원이 빅뱅에서 시작되었다는 그의 예견은 오늘날 학계에 정설로 자리 잡았다.

로저 펜로즈

1992년 10월

저자 서문

1938년 겨울, 나는 과학적으로 환상적인 짧은 소설을 썼다(그러나 공상과학 소설은 아니었다). 소설을 쓴 것은, 휘어진 공간과 팽창하는 우주에 관한 기본 이론을 일반인들에게 쉽게 설명해주기 위한 것이었다. 나는 실재하는 상대적 현상을 과장해서, 은행원인 주인공 탐킨스 씨가 직접 그 세계를 목격할 수 있도록 이야기를 꾸몄다.

나는 원고를 〈하퍼스 매거진〉에 보냈지만, 글을 처음 쓰는 모든 작가가 그렇듯이 출판을 거절당했다. 다른 잡지사 여러 곳에도 원고를 보내 보았지만 결과는 마찬가지였다. 그래서 원고를 책상 서랍에 쑤셔 넣고 잊어버렸다. 같은 해 여름, 나는 국제연맹에서 주최하는 이론물리학 국제대회에 참석하기 위해 바르샤바로 갔다.

거기서 오랜 친구인 찰스 다윈 경(〈종의 기원〉을 쓴 찰스 다윈의 손자)과 폴란드 술인 미오드를 한잔하며 잡담을 하다가, 과학 교육의 대중화에 대한 얘기를 나누게 되었다. 나는 다윈에게 그런 방면의 원고를 썼다가 실패한 경험이 있다고 털어놓았다. 그러자 그가 말했다. "이봐, 가모브, 미국으로 돌아가면 그 원고를 C.P. 스노 박사에게 보내봐. 그는 케임브리지 대학 출판부에서 발간하는 인기 과학 잡지 〈디스커버리〉의 편집자야."

다윈의 말대로 했더니 1주일 후 스노가 전보를 보내왔다. '귀하의 글을 다음 호에 싣고자 합니다. 원고를 좀더 보내 주시기 바랍니다.' 그리하여 상대성이론과 양자론을 쉽게 풀어쓴 탐킨스 씨 이야기가 〈디스커버리〉지에 연재되었다. 그 후 케임브리지 대학 출판부에서 내게 편지를 보내왔다. 몇 가지 이야기를 덧붙여 단행본으로 내자는 것이었다. 그래서 1940년에 〈신비한 나라의 탐킨스 씨 *Mr. Tompkins in Wonderland*〉가 출판되어 16쇄를 찍었다. 이 책에 이어 1944년에 〈탐킨스 씨, 원자를 탐험하다 *Mr. Tompkins Explores the Atom*〉가 출판되어 9쇄를 찍었다. 두 책은 러시아어를 제외한 모든 유럽어로 번역되었고, 중국어와 힌두어로도 번역되었다.

최근에 케임브리지 대학 출판부는 이것을 한 권으로 묶어 페이퍼백으로 내기로 했다. 그러면서 두 책이 나온 이후 물리학 분야에서 이루어진 최근 성과를 다룬 이야기를 몇 가지 덧붙여 달라고 요청했다. 그래서 핵분열과 융합, 안정된 상태의 우주, 소립자에 관한 흥미로운 문제점에 관한 이야기를 새로 썼다. 이렇게 해서 지금의 이 책이 만들어진 것이다.

마지막으로 삽화에 대해 말해두고 싶은 것이 있다. 〈디스커버리〉지와 초판 단행본에 실린 삽화는 존 후캄 씨가 그린 것이다. 탐킨스 씨의 얼굴은 후캄 씨의 작품이다. 그런데 두 번째 책을 썼을 때, 후캄 씨는 이미 은퇴를 한 상태였다. 그래서 나는 후캄 씨의 스타일대로 내가 직접 삽화를 그리기로 했다. 이 책에 실린 새로운 삽화는 내가 직접 그린 것이다. 또 이 책에 나오는 시와 노래는 나의 아내 바브라가 쓰고 작곡한 것이다.

조지 가모브
콜로라도 대학에서

차례

들어가는 말

1. 빛의 속도가 느린 도시 · 15

2. 탐킨스 씨를 꿈꾸게 한 노교수의 상대성이론 강의 · 26

3. 탐킨스 씨, 휴가를 떠나다 · 40

4. 휘어진 공간, 중력, 우주에 관한 노교수의 강의 · 57

5. 맥동하는 우주 · 74

6. 우주의 오페라 · 89

7. 양자 당구공 · 105

8. 양자 정글 · 131

9. 맥스웰의 도깨비 · 144

10. 즐거운 전자 공동체 · 168

10½. 톰킨스 씨가 졸다가 듣지 못한 앞강의 · 190

12. 원자핵의 내부 · 200

13. 나무 조각가 · 217

14. 공간 속의 구멍들 · 240

15. 톰킨스 씨, 일본 음식을 맛보다 · 254

추천사 · 임경순 · 267

지은이 조지 가모브에 대하여 · 269

들어가는 말

 우리는 태어나 자라면서 주위 세계를 오감으로 인식하며 이 세계에 익숙해진다. 이러한 정신 발달 단계를 거치며 우리는 공간과 시간, 운동 등의 기본 개념을 형성한다. 우리의 정신은 곧 이런 개념에 너무나 익숙해진 나머지, 나중에 커서도 이런 개념에 바탕을 둔 외부 세계만이 유일한 세계라고 생각하게 된다. 그리하여 이 개념을 바꾸려는 어떠한 말도 궤변처럼 들리게 된다.
 그러나 엄밀한 물리학적 관찰 방법과, 관찰된 것들의 관계를 더욱 깊이 있게 분석하는 방법이 발전함에 따라, 현대과학은 다음과 같은 명쾌한 결론에 이르게 되었다. 우리가 나날의 생활에서 일상적으로 관찰할 수 없는 현상을 기술하는 데에는 앞에서 말한 '고전적' 토대, 즉 오감이 전혀 쓸모가 없다. 따라서 우리의 새롭고 세련된 경험을 정확하고 일관되게 기술하기 위해서는, 공간과 시간과 운동에 대한 기본 개념의 변화가 절대적으로 필요하다.
 일상적인 삶을 살아갈 때에는 상식적인 개념과 현대물리학 개념 사이의 차이가 무시해도 좋을 만큼 사소하다. 그러나 다른 세계를 상상해보자. 다른 세계가 우리 세계와 똑같은 물리 법칙의 적용을 받지만,

빛의 속도나 플랑크 상수와 같은 물리적 상수 값만 다르다면, 이 세계에서 우리의 옛 개념은 무용지물이 된다. 이 세계에서는 우리의 현대 과학이 각고의 노력 끝에 겨우 알아낸 공간과 시간과 운동에 대한 새롭고 정확한 개념이 상식으로 통용될 것이다. 이 세계에서는 원시 야만인이라고 해도 상대성이론과 양자론의 원리를 익히 알고 있을 테고, 사냥이나 일상생활을 할 때에도 이 원리를 이용할 것이다.

이제 시작될 이야기의 주인공은 꿈속에서 다른 여러 세계를 여행하게 된다. 이 세계에서는 우리가 일상적인 오감으로 감지할 수 없는 현상들이 크게 과장되어 있어서, 신기한 현상이 일상사처럼 쉽게 관찰될 수 있다. 환상적이지만 과학적으로 올바른 법칙이 적용되는 꿈속에서, 주인공은 늙은 물리학 교수의 도움을 받는다(그는 노교수의 딸 모드 양과 결혼하게 된다). 노교수는 상대성이론, 우주론, 양자론, 원자 구조와 핵 구조, 소립자 등의 세계에서 직접 관찰하는 신기한 사건들을 쉬운 말로 설명해준다.

탐킨스 씨의 신기한 체험을 통해 여러분이 우리가 살아가고 있는 실제 물리 세계를 더욱 분명하게 이해할 수 있기를 바란다.

빛의 속도가 느린 도시

은행이 쉬는 날이었다. 대도시에서 말단 은행원으로 일하는 C.G.H. 탐킨스[1] 씨는 늘어지게 자고 일어나 느긋하게 아침을 먹었다. 오늘은 뭘 할까? 오후에 영화나 한 편 때릴까? 그는 조간신문을 펼쳐들고 연예란을 훑어보았다. 눈길을 끄는 영화가 한 편도 없었다. 그는 할리우드 영화라면 질색이었다. 인기 배우들끼리 끝도 없이 사랑 타령을 했던 것이다.

할리우드 영화는 질색이야!

진짜 모험, 신기하고 환상적인 모험이 펼쳐지는 영화가 딱 한 편만이라도 있다면! 그러나 전혀 없었다. 그때 구석에 실린 작은 안내문이 눈길을 끌었다. 이 도시에 있는 대학에서 현대물리학의 정수를 연속 강의하고 있다는 것이었다. 이날 오후의 강의는 아인슈타인 *A. Einstein*의 상대성이론에 관한 것이었다. 아하, 이거 재미있겠는걸! 그는 아인슈타인의 이론을 제대로 이해한 사람이 이 세상에 열두 명밖에 없다는 얘기를 들은 적이 있었다. 그렇다면 이건 열세 번째 사람이 될 수 있는 기회였다! 이런 절호의 기회를 놓칠 수는 없었다. 이거야말로 그가 찾던 것인지도 모른다.

커다란 대학 강당에 도착해보니 이미 강의가 진행되고 있었다. 강당을 가득 채운 학생들, 주로 젊은 학생들은 열심히 귀를 기울이고 있었다. 훤칠한 키에 턱수염이 하얀 노교수가 연단에 서서 상대성이론을 열심히 설명하고 있었다. 그러나 탐킨스 씨는 제대로 이해할 수 없었다. 그가 이해한 아인슈타인 이론의 전체 요지는 고작 이런 정도였다.

-속도에는 한계가 있다.
-세상의 어떤 물체도 빛보다 빨리 움직일 수는 없다.
-이런 사실 때문에 아주 이상하고 신기한 일이 일어난다.

그러나 신기한 일을 직접 목격할 수는 없다고 노교수는 말했다. 빛의 속도는 초속 약 30만 킬로미터에 이르기 때문에 일상생활에서는 상

---

(1) 탐킨스 씨의 이니셜 C.G.H.는 물리학의 기본상수인 세 가지 개념에서 나온 것이다. C는 광속, G는 중력상수, H는 양자역학에 나오는 플랑크 상수를 가리킨다. 나는 이 글에서 세 가지 상수를 실제보다 훨씬 크게 과장함으로써 일반인들이 손쉽게 그 효과를 이해할 수 있도록 꾸몄다.

대성 효과를 거의 관찰할 수 없다는 것이다. 상대성 효과라는 것은 정말 어리둥절한 것이었다. 톰킨스 씨에게는 그 모든 것이 상식에 어긋나는 것 같았다. 광속에 가까운 속도로 움직이면 시계가 천천히 가고, 길이를 재는 잣대가 수축하다니. 톰킨스 씨는 그처럼 얄궂은 상대성 효과를 상상해 보려고 끙끙거리다가 꾸벅꾸벅 졸기 시작했다.

다시 눈을 떠보니 강당 의자가 아니라, 버스 정류장의 벤치에 앉아 있었다. 이곳은 중세의 대학 건물들이 거리에 늘어선 고풍스럽고 아름다운 도시였다. '이건 분명 꿈일 거야.' 그렇게 생각했지만, 놀랄 만

터무니없이 납작해졌다.

큼 별난 일은 전혀 일어나지 않았다. 맞은편 길모퉁이에 서 있는 경찰도 평소의 여느 경찰과 달라 보이지 않았다. 근처 시계탑의 대형 시계를 보니 오후 다섯 시가 되어가고 있었는데, 거리에는 도무지 인적이 드물었다.

그때 한 젊은이가 자전거를 타고 천천히 다가왔다. 가까이 온 젊은이를 보고 탐킨스 씨는 눈이 휘둥그레졌다. 자전거와 젊은이가 믿기지 않을 정도로 납작해 보였던 것이다. 진행 방향으로 납작 눌려 있는 모습은 마치 원통형 렌즈에 비추어진 모습 같았다. 시계탑에서 다섯 시를 알리는 종이 울리자, 젊은이는 갈 길이 바쁘다는 듯 힘껏 페달을 밟았다.

탐킨스 씨가 보기에는 젊은이가 크게 속도를 높인 것 같지 않았다. 그러나 약간 빨라진 것만으로도 젊은이는 더욱 납작해지더니 아예 그림 카드처럼 보였다. 탐킨스 씨는 불현듯 가슴이 뿌듯해졌다. 젊은이에게 무슨 일이 일어나고 있는지 이해할 수 있었던 것이다. 노교수가 강의한 대로, 그것은 움직이는 물체의 수축 현상일 뿐이었다.

'분명 이곳에서는 자연 만물의 속도가 아주 느린 거야.' 그는 이렇게 결론지었다.

'저 경찰이 빈둥거리고 있는 것도 그래서야. 과속하는 사람이 없으니까.'

실제로, 그때 나타난 택시도 자전거보다 더 나을 것이 없었다. 그건 그저 기어가는 거나 다름없었다.

탐킨스 씨는 좀 전의 인상 좋은 젊은이를 따라잡기로 마음먹었다. 그래서 이게 어떻게 된 영문인지 물어볼 작정이었다. 경찰이 한눈파는 사이에 길 가에 세워진 자전거를 슬쩍해서 젊은이를 뒤쫓아 갔다. 그는 자기 몸이 금방 납작해질 줄 알았다. 그렇지 않아도 요즘 몸이 불어서 고민이었는데 아주 잘된 일이라 생각했다. 그러나 놀랍게도, 아무런 일도 일어나지 않았다. 몸뚱이도 자전거도 말짱했다. 반면에 주위의 그림이 완전히 바뀌었다. 거리가 점점 단축되어 가게 창문이 동전 투입구처럼 보였고, 모퉁이의 경찰은 나무젓가락처럼 보였다.

'이런 세상에!' 탐킨스 씨는 속으로 탄성을 내질렀다.

'이제야 알겠어. 여기가 바로 **상대성**의 세계인 거야. 내가 움직인다고 해서 내가 줄어드는 게 아니라, 상대적으로 나를 스쳐 지나가는 모

건물이 더욱 납작해졌다.

든 것이 줄어든 것처럼 보이는 거야.' 자전거를 잘 타는 탐킨스 씨는 젊은이를 따라잡기 위해 있는 힘을 다했다.

그러나 이 자전거로는 속도를 올리기가 쉽지 않았다. 아무리 힘껏 페달을 밟아도 속도는 그리 빨라지지 않았다. 다리가 뻐근했는데도 아직 길모퉁이의 가로등도 지나치지 못했다. 아무리 빨리 달리려고 해도 헛일이었다. 택시와 자전거가 더 빨리 달릴 수 없었는지 이제야 이해가 되었다. 그는 노교수의 말이 떠올랐다—세상의 어떤 물체도 빛보다 빨리 움직일 수는 없다.

빨리 달릴 수는 없었지만 건물들만큼은 점점 더 납작해 보였다. 앞서 달려간 젊은이가 이제는 그리 먼 곳에 있는 것 같지도 않았다. 그는 두 번째 모퉁이에서 젊은이를 따라잡았다. 나란히 달리게 된 순간, 그는 다시 화들짝 놀랐다. 젊은이가 정상적으로 보였던 것이다. 아주 건장한 젊은이였다. '아하, 이건 우리가 상대적으로 움직이고 있는 게 아니기 때문일 거야.' 이렇게 생각한 그는 젊은이에게 말을 걸었다.

"이봐요, 학생! 이렇게 제한 속도가 느린 도시에 사는 게 불편하지 않나?"

"제한 속도라니요?"

젊은이는 의아한 표정으로 되물었다.

"우리에겐 제한 속도라는 게 없어요. 저는 어디든 제가 원하는 속도로 갈 수 있어요. 적어도 오토바이로는 말예요. 낡아빠진 이 자전거야 느려 터졌지만 …."

"하지만 자네가 아까 내 곁을 지나갈 때 보니까 그렇게 느릴 수가 없었어. 그래서 유심히 자네를 살펴봤지."

"아, 그랬어요?"

젊은이가 부루퉁하게 말했다.

"그렇지만 이렇게 말하는 사이에 벌써 다섯 블록이나 지나왔다는 거 아세요? 그만하면 아주 빠른 거잖아요."

"그렇지만 거리가 아주 짧아졌잖아."

탐킨스 씨가 반박했다.

"우리가 더 빨리 달리는 거나 거리가 짧아지는 거나 마찬가지 아녜요? 우리 집에서 우체국까지는 열 블록 거리예요. 내가 더 열심히 페달을 밟으면 그만큼 거리가 짧아져서 더 빨리 도착할 수 있는 거죠. 자, 이제 다 왔네요."

젊은이는 자전거에서 내려섰다.

탐킨스 씨가 우체국 시계를 쳐다보니 5시 30분을 가리키고 있었다.

"저것 봐!"

탐킨스 씨가 의기양양하게 말했다.

"자네가 열 블록을 달리는 데 30분도 더 걸렸어. 내가 자네를 처음 보았을 때가 정각 다섯 시였으니까 말이야!"

"실제로 30분이 흘렀다는 걸 의식했나요?"

젊은이가 물었다.

탐킨스 씨는 그걸 의식하지 못했다. 사실 몇 분밖에 흐르지 않은 것 같았다. 게다가 손목시계를 보니 5시 5분밖에 되지 않았다.

"어라? 우체국 시계가 빠르나?"

"물론이죠. 아니면 그 손목시계가 느리다고 할 수도 있어요. 우리가 아주 빠르게 달려왔으니까요. 그런데 도대체 왜 그러세요? 혹시 외계인 아니세요?"

젊은이는 볼멘소리를 내뱉고 우체국 안으로 들어가 버렸다.

이건 정말 얄궂은 일이었다. 이런 이상한 현상을 설명해줄 노교수가 곁에 없다는 게 정말 안타까웠다. 그 젊은이는 분명 이곳 토박이여서 걸음마를 떼기 전부터 이런 일에 익숙해져 있는 것 같았다. 탐킨스 씨는 이상한 이 세계를 혼자서 탐구하지 않을 수 없었다. 그는 10분 동안 우체국 시계를 쳐다보며 자기 손목시계가 정상인지 알아보았다. 손목시계가 더 느리게 가지는 않았다. 그는 거리를 내려가다가 기차역을 발견했다. 기차역의 시계와 손목시계를 다시 비교해 보았다. 놀랍게도 손목시계가 또 아주 약간 느렸다.

"그래, 이것도 상대성 효과인 게 분명해."

탐킨스 씨는 그 젊은이보다 더 지적인 사람에게 물어보는 게 좋겠다고 생각했다.

기회는 곧 찾아왔다. 40대의 한 신사가 기차에서 내리더니 출구 쪽으로 걸어왔다. 역사에는 아주 늙은 할머니가 그 신사를 마중 나와 있었는데, 놀랍게도 그 할머니는 40대의 신사를 '할아버지'라고 불렀다. 탐킨스 씨가 보기에 그건 얼토당토 않는 일이었다. 그는 신사의 짐 가

방을 들어주며 말을 붙였다.

"남의 가족 문제에 참견하고 싶지는 않지만, 선생은 정말 이 할머니의 친할아버지가 되십니까? 그러니까, 저는 이곳에 처음 온 사람이라서 도무지…."

"아, 이해합니다. 물론, 저는 저 애의 친할아버지올시다."

콧수염을 기른 신사가 빙그레 웃으며 말했다.

"제가 유대인 방랑자쯤으로 보이죠? 하지만 이건 아주 빤한 일입니다. 저는 사업상 여행을 아주 많이 하는 사람이라서 인생의 대부분을 기차에서 보냈답니다. 그러니 이곳에 살고 있는 식구들보다 훨씬 더 천천히 늙었지요. 아무튼 제 시간에 돌아올 수 있어서 여간 기쁘지 않군요. 귀염둥이 손녀딸이 아직 살아 있는 걸 볼 수 있으니까요! 자, 그럼 실례하겠소. 택시를 잡은 손녀가 애타게 기다리고 있는 것 같으니까."

그 신사가 서둘러 떠나자, 탐킨스 씨는 다시 혼자 고민해야 했다. 역사 식당에서 샌드위치로 배를 채우자 다소 정신이 드는 것 같았다. 그는 자기가 마침내 저 유명한 상대성원리의 모순을 발견했다는 생각을 하게 되었다. 그는 커피를 마시며 생각했다.

'그래, 모든 것이 상대적이라면, 그 여행자는 손녀에게 아주 늙은 사람으로 보일 거야. 손녀도 그에게는 아주 늙은 사람으로 보일 거야. 그러나 이건 말도 안 돼. 사람의 머리칼이 상대적으로 백발이 된다는 건 있을 수 없잖아!'

그래서 정말 어떻게 된 일인지 알아내기 위해 마지막으로 한 번 더 물어보기로 했다. 탐킨스 씨는 철도원 제복을 입고 식당에 혼자 앉아 있는 남자에게 말을 걸었다.

"말씀 좀 여쭙겠습니다. 기차 여행객이 한 곳에 눌러 사는 사람보다 나이를 훨씬 더 천천히 먹는 게 무엇 때문인지 혹시 아십니까?"

"저 때문이지요."

그 남자가 짧게 대답했다.

"아!" 탐킨스 씨는 탄복했다.

"그러니까, 고대 연금술사가 그토록 찾아 헤맨 현자의 돌이라도 얻었단 말씀입니까? 그렇다면 선생은 의학계에서 아주 유명한 분이시겠군요. 선생은 이곳 의학계의 원로이십니까?"

"아니오."

그 남자는 탐킨스 씨의 말에 다소 쑥스럽다는 듯이 대답했다.

"저는 이 기차역의 제동수일 뿐입니다."

"제동수? 기차를 정지시키는 사람이란 말이오?"

탐킨스 씨가 어처구니없다는 듯이 물었다.

"그래요. 그게 제가 하는 일입니다. 기차가 속도를 늦출 때마다 승객들은 상대적으로 나이를 더 먹게 되지요."

그러고는 공손하게 덧붙여 말했다.

"물론 기차를 가속시키는 기관사도 나름대로 나이에 영향을 미치지요."

"하지만 그게 젊음을 유지하는 것과 무슨 상관이 있습니까?"

탐킨스 씨는 그저 어리둥절할 뿐이었다.

"나도 정확한 이유는 모르지만 아무튼 그게 그래요. 저도 궁금해서 기차 여행을 하는 대학교수에게 물어본 적이 있어요. 그 교수는 알 수 없는 얘기만 잔뜩 늘어놓더군요. 그러더니 마지막으로 한다는 말이 뭔지 아시오? 그게 태양의 '중력 적색편이'라든가 뭐라든가 하는 것과 유사하다는 거예요. 적색편이라는 말을 들어본 적이 있소?"

"아니오."

탐킨스 씨는 고개를 갸우뚱하며 말했다. 제동수는 고개를 내두르며 다른 곳으로 가버렸다.

갑자기 그의 어깨를 흔들어대는 둔탁한 손길이 느껴졌다. 불현듯 깨어보니 그는 역사의 식당이 아니라, 노교수의 강의를 듣던 대학 강당에 앉아 있었다. 강당은 어둡고 텅 비어 있었다. 그를 흔들어 깨운 수위가 말했다.

"문 닫을 시간입니다. 주무시려면 댁에 가서 주무세요."

탐킨스 씨는 겸연쩍게 강당을 빠져나왔다.

탐킨스 씨를 꿈꾸게 한 노교수의 상대성이론 강의

신사 숙녀 여러분!

아주 원시적인 발달 단계에서 인간 정신은 시간과 공간에 대한 명확한 개념을 형성했습니다. 서로 다른 사건들이 일어나는 틀로서 시간과 공간을 이해한 거지요. 이 개념은 본질적으로 전혀 달라지지 않은 채, 여러 세대에 걸쳐 이어져 내려왔습니다. 정밀과학이 정립된 후에도 이 틀은 세계를 수학적으로 기술하는 토대가 되어 왔습니다. 위대한 뉴턴은 〈프린키피아 *Principia*〉에서 공간과 시간에 대한 고전적 개념을 다음과 같이 명료하게 진술했습니다.

"절대 공간은 본질상 외부의 어떠한 것과도 관계없이 항상 부동의 유사성을 유지한다." 그리고 "절대적이고 참된 수학적 시간은, 고유의 본질상, 외부의 어떠한 것과도 관계없이 항상 한결같이 흐른다."

공간과 시간에 대한 고전 개념이 절대적 진리라는 신념이 너무나 투철한 나머지, 철학자들은 종종 이 개념이 선험적으로(경험을 뛰어넘어) 주어진 거라고 주장해 왔습니다. 과학자들조차도 이 개념에 대해 감히 의심을 품지 못했던 것입니다.

그러나 20세기 초반에 들어와 사정이 달라졌습니다. 실험물리학의 세련된 연구 방식을 통해 다수의 새로운 결과를 발견하게 되었는데, 이 결과를 고전적인 시간과 공간의 틀에 적용할 경우 명백한 모순이 드러났던 것입니다. 그리하여 위대한 물리학자인 알베르트 아인슈타인은 시간과 공간에 관한 고전 개념이 절대적인 참이라고 믿을 만한 근거가 없다는 혁명적인 생각을 품게 되었습니다. 또한 그는 더욱 세련되고 새로운 경험(실험 결과)에 맞추어 고전 개념을 수정해야 하고, 수정할 수 있다고 생각했습니다.

사실 고전적인 시간과 공간 개념은 일상생활에서 겪는 경험을 통해 형성된 것입니다. 그러나 오늘날에는 실험 기술이 고도로 발달했고, 이를 기초로 해서 세계를 정교하게 관찰할 수 있게 되었습니다. 그 결과 고전적인 개념은 너무 거칠고 부정확하다는 것이 밝혀졌는데, 그렇다고 해서 놀랄 필요는 없습니다. 고전적인 개념이 일상생활에, 그리고 물리학의 초기 발달 단계에 적용 가능했던 것은, 정확한 개념과의 차이가 그리 심각하지 않았기 때문입니다. 현대과학의 탐구 분야가 넓어짐에 따라 그 차이가 커져서 더 이상 고전 개념이 전혀 쓸모 없게 되는 지경에 이른다고 해도 역시 놀랄 필요가 없습니다.

고전 개념에 일대 타격을 가한 가장 중요한 실험 결과는 다음과 같습니다. 진공에서 빛의 속도는 모든 움직이는 물체가 낼 수 있는 속도의 상한값이다.

이것은 아주 중요하면서도 전혀 예상치 못한 발견이었습니다. 이런 발견을 하게 된 것은 주로 미국 물리학자 마이컬슨 A. A. Michelson의 실험 덕분이었지요. 19세기 말에 마이컬슨은 지구 운동이 빛의 전달 속도에 미치는 영향을 알아내려고 했습니다. 하지만 놀랍게도 전혀 영향이 없다는 사실을 발견했습니다. 진공에서 빛의 속도는 항상 일정했던 것입니다. 빛을 방출하는 광원이 어떻게 움직이든, 어떤 시스템으로 측정하든 관계없이 일정했습니다. 이러한 결과는 운동에 관한 우리의 기본 개념과 모순되는 아주 기이한 것이었지요.

사실, 어떤 물체가 공간 속을 빠르게 움직이고 있고, 관찰자가 그 물체를 향해 빠르게 다가간다면, 그 물체는 더 큰 상대 속도, 즉 물체의 속도와 관찰자의 속도를 합한 속도로 관찰자와 충돌하게 될 것입니다. 반대로 관찰자가 그 물체로부터 달아난다면, 그 물체는 더 느린 속도, 즉 두 속도의 차이에 해당하는 속도로 관찰자의 등에 부딪히겠지요.

다른 예를 들어 보겠습니다. 공중에 퍼져 나가는 어떤 소리의 원천을 향해 자동차로 달려간다고 해봅시다. 이 경우 자동차에서 측정한 소리의 속도는 여러분의 이동 속도만큼 더 빨라지게 될 것입니다. 반대로 음원에서 멀어지는 방향으로 달린다면, 소리의 속도는 그만큼 느려지겠지요. 이것을 속도 가법정리 *theorem of addition of velocities*라고 하는데, 우리는 이 정리를 언제나 자명한 것으로 믿어왔습니다.

그러나 아주 엄밀하게 실험해본 결과, 빛의 경우에는 이 가법정리가 참이 아니라는 것이 입증되었습니다. 진공에서 빛의 속도는 언제나 초속 약 30만 킬로미터를 유지합니다(우리는 이 속도를 보통 c라는 기호로 나타냅니다). 이 속도는 관찰자의 움직임과 관계없이 항상 일정하지요.

여러분은 이렇게 말할지도 모릅니다.

"알겠어요. 하지만 물리적으로 가능한 여러 단위의 작은 속도를 합쳐서 빛보다 빠른 속도를 만들어낼 수 있지 않을까요?"

예를 들어 보겠습니다. 광속의 3/4 속도로 달리는 기차가 있는데, 이 기차의 지붕 위에서 역시 광속의 3/4 속도로 달리는 남자가 있다고 합시다.

가법정리에 따르면, 이 남자의 총 속도는 광속의 1.5배가 되어야 합니다. 그러면 기차 지붕 위를 달리는 남자는 신호등에서 나온 빛을 따라잡을 수 있어야 합니다. 그러나 사실은 그렇지 않습니다. 두 속도를 합쳐도 결코 한계치인 c를 넘지 못합니다. 광속이 항상 일정하다는 것은 실험으로 입증된 사실이기 때문에, 두 속도를 합친 것은 결국 광속을 넘지 못하고 우리의 예상보다 작은 속도가 됩니다. 따라서 광속보다 작은 속도의 경우에도 고전적인 가법정리가 통하지 않는다는 결론을 내릴 수 있습니다.

어려운 수학을 끌어들이고 싶지 않지만, 두 운동 속도가 합성된 결과를 계산하는 간단한 공식을 말씀드리겠습니다. 합성해야 할 두 속도가 v_1과 v_2라면, 합성운동 속도는 다음과 같습니다.

$$V = \frac{v_1 \pm v_2}{1 \pm \dfrac{v_1 v_2}{c^2}} \qquad (1)$$

이 수식에서 원래의 두 속도가 광속에 비해 매우 느리다면 분모의 두 번째 항은 1보다 훨씬 작은 값이 되어 분모가 거의 1이 되기 때문에 종래의 가법정리가 성립하게 됩니다. 그러나 v_1과 v_2가 작지 않다면 고전적인 가법정리는 더 이상 성립하지 않으며, 실제 결과는 두 속도를 더한 것보다 항상 작게 나옵니다. 가령 열차 위를 달리는 남자의 경우, v_1은 $3/4c$이고 v_2역시 $3/4c$이므로 이를 위 공식에 대입하면, $V=24/25c$가 되므로 이것은 광속보다 작습니다.

두 속도 가운데 하나가 광속(c)일 경우에는, 다른 속도의 값과 관계없이 합성운동 속도는 항상 c가 됩니다(두 속도가 모두 광속이라 해도 c가 됩니다). 그러므로 그 어떤 속도를 더한다 할지라도 결코 광속을 초과할 수는 없는 것입니다.

그렇다면 여러분은 이 공식이 실험적으로 입증이 되었는지, 또 두 속도의 합성운동 속도가 산술합계 속도보다 항상 작게 나온다는 것이 실제로 발견되었는지 알고 싶을 것입니다.

속도에 한계치가 존재한다는 것을 안다면 우리는 시간과 공간에 대한 고전적 개념을 비판할 수 있습니다. 먼저 고전적인 시간과 공간 개념에 뿌리를 둔 **동시성**이라는 개념에 일격을 가해봅시다.

"남아프리카 케이프타운 근처의 탄광에서 발생한 폭발 사고는 당신이 런던의 아파트에서 아침식사를 한 것과 정확히 같은 시간에 발생했다."

여러분은 이 말이 무슨 뜻인지 안다고 생각하실 것입니다. 그러나 이 말의 뜻은 알 수가 없고, 엄밀히 말하면 이 동시성의 진술은 무의미합니다. 서로 다른 장소에서 일어난 두 사건이 동시에 일어났는지 어떻게 알 수 있을까요? 우선 두 곳의 시계가 같은 시간을 가리켰다고 주장할 수 있겠지요. 그러나 이런 반론이 제기될 수 있습니다. 그처럼 먼 거리에 떨어져 있는 시계가 동시에 같은 시간을 가리키고 있었다는 것을 어떻게 알 수 있는가? 그러니 우리는 다시 질문하지 않을 수 없습니다. 동시성 여부는 어떻게 알 수 있는가?

관찰자가 어디에 있고 어떤 운동을 하고 있든, 진공 속의 광속이 언제나 일정하다는 것은 정확한 실험을 통해 입증된 사실입니다. 이 사실을 기초로 해서 두 관찰 지점 사이의 거리를 재고 두 지점의 시계를 설정하는 합리적인 방법을 찾을 수 있습니다. 다음의 방법을 깊이 생각해보면 이것이 합리적이며 유일한 방법이라는 것을 알게 될 것입니다.

A 지점에서 먼저 빛으로 신호를 보냅니다. 그리고 B 지점에서는 이 신호를 받자마자 다시 A로 불빛 신호를 돌려보냅니다. 이 빛이 A와 B를 왕복하는 데 소요된 시간의 2분의 1에 광속을 곱하면 그것이 바로 두 지점 사이의 거리가 됩니다.

A와 B의 시계가 일치하는지는 다음과 같이 알아볼 수 있습니다. A에서 신호를 보낸 시각과 되받은 시각을 기록합니다. 이 두 시각의 중간 값이 B에 신호가 도달한 순간의 B 시계 시각과 일치하는가? 일치한다면 두 시계는 동일 시간을 가리키고 있다고 할 수 있습니다.

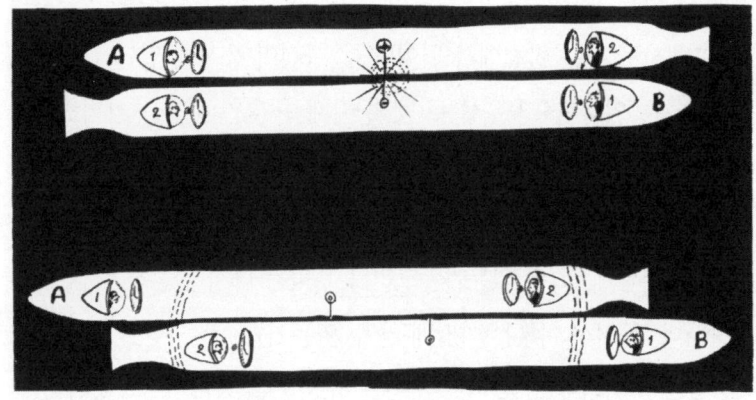

정반대 방향으로 움직이는 두 개의 아주 긴 로켓

하나의 고정체 *rigid body*에 설치된 두 관찰 지점 사이에 이런 방법을 사용하면 타당한 기준 좌표계를 설정할 수 있고, 서로 다른 장소에서 일어난 두 사건의 동시성이나 시차에 관한 질문에 답할 수 있습니다.

그러나 다른 좌표계의 관찰자들도 같은 결과를 얻을 수 있을까요? 이 질문에 답하기 위해 좌표계가 서로 다른 두 고정체에 설정되었다고 가정해 봅시다. 예를 들어 엄청나게 기다란 두 로켓 A와 B가 일정한 속도로 움직이며 정반대 방향으로 나아가고 있습니다. 로켓은 2인 1조인데, 네 명의 관찰자가 두 로켓의 앞과 뒤에 자리 잡고서, 각자의 시계를 정확히 맞추려고 합니다. 관찰자들은 앞에서 설명한 방법으로 시계를 맞춥니다. 즉, 각 로켓의 중앙부에서 보낸 불빛 신호가 앞뒤 관찰자에게 도착했을 때 각 관찰자는 자신의 시계를 0분 0초에 맞춥니다. 이렇게 네 명의 관찰자가 자신들의 시스템(좌표계) 안에서 동시성의 기준을 확보했고 또 '정확히' 시계를 맞추었습니다. 여기서 정확하다는 것은 물론 각자의 관점에서 정확하다는 뜻입니다.

이제 그들은 자기 시계가 상대방 시계와 똑같은 시간을 가리키고 있는지 확인하려고 합니다. 반대 방향으로 움직이는 두 로켓이 서로 지나칠 때 관찰자들의 시계가 모두 정확히 같은 시간을 가리키고 있는가? 이것은 다음과 같은 방법으로 알아볼 수 있습니다. 우선 로켓의 정중앙에 전기가 흐르는 물체를 설치해서 두 로켓이 서로 지나칠 때 전기불꽃이 일어나게 합니다. 그러면 여기서 나온 불빛이 동시에 로켓의 앞뒤로 퍼져 나갈 것입니다. 유한한 속도로 진행하는 불빛이 각 관찰자에게 도착했을 때 로켓 A와 B의 상대적 위치는 이미 달라져 있고, 그래서 관찰자 2A와 2B는 관찰자 1A와 1B보다 광원에 더 가까운 곳에 있게 될 것입니다.

불빛이 관찰자 2A에게 도착했을 때, 분명 관찰자 1B는 2A보다 광원에서 더 먼 곳에 있을 것입니다. 따라서 불빛 신호가 1B에게 도달하기까지는 추가로 시간이 더 필요할 것입니다. 그래서 불빛 신호로 시계를 맞춘다면 관찰자 2A는 1B의 시계가 느리다고 주장할 것입니다.

마찬가지로, 또 다른 관찰자 1A는 자기보다 먼저 신호를 받은 2B의 시계가 자기 시계보다 빠르다는 결론을 내릴 것입니다. 동시성의 개념에 따라 시계를 정확하게 맞추므로, 로켓 A의 관찰자들은 로켓 B의 두 관찰자 시계에 차이가 있다고 생각하게 될 것입니다. 그러나 정확히 똑같은 이유로, 로켓 B의 관찰자들도 자기들의 시계는 정확하게 맞는다고 생각하겠지만, 로켓 A에 탄 두 관찰자들의 시계는 차이가 있다고 주장할 거라는 점을 잊지 말아야 합니다.

로켓 A와 B의 조건은 아주 동등하기 때문에, 이 차이는 다음과 같이 해결할 수밖에 없습니다. 즉 A와 B 두 그룹의 관찰자들은 각자의 관점에서 볼 때 모두 옳지만, A와 B 가운데 어느 쪽이 '절대적으로' 옳으냐는 것은 물리학적으로 아무런 의미도 없다는 것입니다.

지루한 설명으로 혹시 여러분을 따분하게 만들었는지 모르겠습니다. 하지만 이 설명을 잘 생각해 보시면, 다음과 같은 사실을 이해할 수 있을 것입니다. 즉, 우리의 새로운 시공간 측정법이 채택되는 순간, **절대적 동시성의 개념이 사라진다. 어떤 좌표계의 동일한 시간에 서로 다른 공간에서 일어난 두 사건이 다른 좌표계에서는 명백히 서로 다른 시간에 일어난 사건으로 보일 수 있다.**

처음에는 이런 명제가 아주 이상하게 들립니다. 그러나 다음과 같은 예를 들어보면 그리 이상하지 않을 것입니다. 가령 여러분이 기차를 타고 가며 식사를 한다고 해봅시다. 여러분은 식당차라는 동일한 장소에서 수프를 먹었고 얼마 후 디저트를 먹었습니다. 하지만 여러분은 철로 위의 서로 다른 지점에서 두 가지 음식을 먹었다고 말할 수도 있습니다. 이 사소한 사건은 다음과 같이 일반화해서 말할 수 있습니다.

어떤 좌표계의 동일한 공간에서 서로 다른 시간에 일어난 두 사건이 다른 좌표계에서는 명백히 서로 다른 공간에서 일어난 사건으로 보일 수 있다.

이 '사소한' 명제를 앞서의 '역설적' 명제와 비교해보면, 이 둘이 서로 대칭을 이루고 있으며, '시간'과 '공간'의 개념만 서로 바꾸어 넣으면 같은 얘기가 된다는 것을 알 수 있습니다.

바로 이것이 아인슈타인 이론의 핵심입니다. 고전물리학에서 시간은 공간이나 운동과 전혀 관계없이 절대적인 것이었습니다. 뉴턴의 말을 빌리면 시간은 외부의 어떠한 것과도 관계없이 항상 한결같이 흐르는 것이었지요. 그러나 현대물리학에서는 그렇게 생각하지 않습니다. 현대적 의미의 공간과 시간은 긴밀하게 연결되어 있고 동일한 '시공간 연속체'의 서로 다른 두 가지 단면인 것입니다. 그리고 모든 관찰 가능한 사건은 이 연속체 안에서 일어나는 것으로 간주됩니다. 고전물리학에서 4차원의 연속체를 3차원의 공간과 1차원의 시간으로 나누어놓은 것은 순전히 임의적인 것입니다. 고전물리학에서는 그런 임의적인 관찰 시스템에 의존해서 사건을 관찰했지요.

하나의 좌표계에서 거리 l과 시간 t만큼 떨어져 있는 두 사건이 다른 좌표계에서는 다른 거리 l'과 다른 시간 t'만큼 떨어져 있을 수 있습니다. 그렇기 때문에 어떤 의미에서 우리는 공간을 시간으로, 시간을 공간으로 치환하는 것이 가능한 것입니다.

위에서 예로 든 식당차 얘기에서처럼 시간을 공간으로 치환하는 것은 우리의 일상사에서 흔히 관찰되는 사건입니다. 그러나 공간을 시간으로 치환해서 동시성을 상대화하는 일은 아주 드뭅니다. 우리가 거리를 시간으로 바꾸려면, 예를 들어 '센티미터'를 시간으로 바꾸려면 그것에 상응하는 시간이 전통적인 '초' 단위여서는 안 됩니다.

'합리적 시간 단위', 즉 빛이 1㎝ 가는데 걸리는 시간인 0.000,000,000,03초를 시간 단위로 사용해야 합니다.

그래서 우리의 일상적 경험 영역에서는 공간을 시간으로 치환해서 관찰하는 것이 불가능합니다. 그렇게 짧은 시간을 인식할 수가 없으니까요. 바로 그러한 점 때문에 시간이 절대 불변하는 것이라는 고전적 개념이 지지를 받아왔던 것입니다.

그러나 속도가 아주 빠른 운동을 관찰할 때는 얘기가 달라집니다. 가령 방사성 물질에서 튀어나온 전자의 운동이나 원자 속의 전자 운동이 좋은 예입니다. 전자 운동의 거리는 합리적 시간 단위로 파악되어야 할 만큼 짧은 거리입니다. 그래서 위에서 설명한 효과와 상대성 이론이 아주 중요한 역할을 하게 됩니다. 요즘에는 극도로 정밀한 천문학 도구가 발달한 덕분에, 상대적으로 느린 속도를 가진 물체, 가령 태양계 행성의 움직임에서도 상대성 효과를 관찰할 수 있습니다. 그러나 이를 관찰하려면 1년에 1각초(원 둘레의 129만 6천 분의 1)에 지나지 않는 행성 운동의 변화량까지 측정해야 합니다.

앞에서 우리는 고전적인 시간과 공간의 개념을 비판했고, 그 결과 공간 간격이 부분적으로 시간 간격으로 치환될 수 있으며, 그 반대도 가능하다는 결론에 이르렀습니다. 이것은 서로 다르게 움직이는 시스템에서 측정할 경우, 거리나 시간의 수치가 달라질 수 있다는 뜻입니다.

이 강의에서 또 수학을 들먹이고 싶지는 않지만, 비교적 간단한 수식으로 이 수치들의 변화 관계를 알아보겠습니다. 길이 l인 물체가 '상대적으로' 움직이고 있다고 합시다. 즉, 관찰자가 v의 속도로 움직이고 있습니다. 그러면 이 물체의 길이는 v가 클수록 짧아지게 되는데, 줄어든 길이 l'는 다음과 같이 표현됩니다.

$$l' = l\sqrt{1 - \frac{v^2}{c^2}} \qquad (2)$$

이와 비슷하게, t 시간이 걸리는 어떤 작용이 상대적으로 움직이는 시스템에서는 좀더 긴 시간이 걸리게 되는데, 늘어난 시간은 다음과 같이 표현됩니다.

$$t' = \frac{t}{\sqrt{1 - \frac{v^2}{c^2}}} \qquad (3)$$

상대성이론에서 이것이 저 유명한 '공간 수축'과 '시간 팽창'이라는 것입니다.

v가 c보다 훨씬 더 작은 일상의 경우에는 상대성 효과가 아주 작습니다. 그러나 속도가 충분히 빠를 경우, 움직이는 좌표계에서 관찰된

길이는 임의적으로 수축될 수 있고, 시간도 임의적으로 늘어날 수 있습니다.

이러한 두 효과는 절대적으로 대칭되는 것임을 잊어서는 안 됩니다. 빠르게 움직이는 기차에 탄 승객은 정지된 기차의 승객들이 왜 저렇게 홀쭉하고 느리게 움직이는지 이상하게 생각하겠지만, 정지된 기차에 탄 승객도 움직이는 기차에 타고 있는 승객들에 대해 똑같은 생각을 하게 되는 것입니다.

또 알아둬야 할 중요한 점이 있습니다. 최대 속도에 한계가 있다는 사실은 움직이는 물체의 질량에도 영향을 미칩니다. 역학의 기초 원리에 따르면, 정지된 물체를 움직이게 하거나 이미 움직이고 있는 물체를 가속할 때 얼마나 힘이 드는가는 물체의 질량에 달려 있습니다. 즉, 질량이 크면 클수록 속도를 높이기가 그만큼 더 어려워집니다.

그 어떤 상황의 어떤 물체라도 광속보다 빠르게 움직일 수 없다는 사실은, 가속할 경우 물체의 저항 곧 질량이 늘어난다는 뜻이 됩니다. 물체의 속도가 광속에 가까워질수록 질량이 무한히 늘어납니다. 이러한 관계를 설명하는 수식은 위의 수식 (2)나 (3)과 비슷합니다. m_0가 정지 상태의 질량이라면, 속도 v에서 질량은 다음과 같이 변하게 됩니다.

$$m = \frac{m_0}{\sqrt{1 - \frac{v^2}{c^2}}} \tag{4}$$

여기서 v가 c에 근접했을 때 추가 가속에 대한 저항 곧 질량은 무한대가 됩니다.

이러한 질량의 상대적 변화 효과는 아주 빠르게 움직이는 입자의 실험을 통해 손쉽게 관찰할 수 있습니다. 가령 방사성 물질에서 방출되는 전자(속도가 광속의 99%)의 질량은 정지 상태에 비해 고작 몇 배 더 무겁지만, 소위 우주선 *cosmic ray*을 구성하는 전자(속도가 광속의 99.98%)의 질량은 1,000배나 더 무겁습니다. 이런 속도로 움직이는 입자들의 세계에서, 고전역학은 아무런 쓸모가 없으며 상대성이론만이 올바른 답을 줄 수 있습니다.

탐킨스 씨, 휴가를 떠나다

 탐킨스 씨는 상대성 도시에서 아주 즐거운 모험을 했지만, 노교수가 곁에 없었던 것이 여간 아쉽지 않았다. 그가 목격한 이상한 일들을 노교수가 설명해 주었다면 좋았을 텐데. 특히 기차 제동수가 승객들의 나이를 좌우한다는 것은 도무지 이해할 수 없었다. 며칠 동안 그는 잠들 때마다 다시 이 흥미로운 도시를 방문하고 싶었다. 그러나 거의 꿈을 꾸지 못했고, 어쩌다 꿈을 꾸어도 뒤숭숭한 꿈만 꾸었다. 간밤에는 계산이 틀렸다고 은행장에게 해고당하는 꿈을 꾸었다.
 아무래도 휴가를 떠나는 게 좋을 것 같았다. 그는 1주일간 바닷가에서 휴가를 보내기로 했다.
 해변행 기차의 차창 밖으로 도시 근교의 잿빛 지붕이 보이더니 곧이어 푸른 초원이 펼쳐졌다. 그는 신문을 펴들고 베트남 전쟁 기사를 훑어보았다. 신문 기사는 죄다 지루하기만 했다. 기차는 기분 좋게 덜컹거렸다.

신문을 내려놓고 다시 창밖을 내다보니 풍경이 전혀 달라 보였다. 전신주들이 서로 어찌나 가깝게 붙어 있던지 마치 울타리 같아 보였고, 나무들도 옆으로 퍼지지 않고 위로만 촘촘히 가지를 뻗고 있는 게 마치 이탈리아의 사이프러스 나무를 보는 것 같았다. 뜻밖에도 맞은편에 노교수가 앉아 흥미진진하게 창밖을 내다보고 있었다. 아마도 신문을 읽는 동안 노교수가 기차에 오른 것 같았다.

"우리는 지금 상대성의 땅에 들어선 거죠?"

탐킨스 씨가 물었다.

"아니! 자네도 그걸 알고 있단 말인가? 어떻게 알았지?"

"전에 와본 적이 있거든요. 하지만 그때는 교수님이 곁에 계시지 않아서 아쉬웠어요."

"그럼 이번에 길 안내를 해줄 수 있겠군."

"원, 천만에요. 이상한 일을 많이 보았지만, 이곳 사람들은 내 의문을 전혀 해결해주지 못했어요."

"당연히 그랬겠지. 이 세계에서 태어나 자란 사람들은 주위에서 일어나는 모든 현상을 당연한 것으로 여길 테니까. 하지만 이곳 사람들도 자네가 사는 세계를 보게 되면 꽤나 놀랄 거야. 그 사람들에게는 아주 이상해 보일 테니까."

"질문 하나 해도 될까요?"

탐킨스 씨가 물었다.

"지난번에 여기 왔을 때 기차역에서 제동수를 만난 적이 있어요. 그 사람 말로는 기차가 멈추거나 가속하는 것이 나이에 영향을 미친다는 거예요. 그건 마술인가요? 혹시 현대과학과 모순되는 거 아녜요?"

"그건 마술로 얼버무릴 일이 아니라네. 물리학 법칙대로 일어난 일이니까. 아인슈타인이 새로운 시공간 개념으로 그걸 입증했다네. 새로운 거라기보다는 그동안 발견을 못했던 거라고 해야겠지. 물리 작용이 일어나는 시스템의 속도를 바꾸면 모든 작용의 속도가 더불어 느려진다네. 우리 세계에서는 그 효과가 무시해도 좋을 정도로 작지만, 이곳에서는 광속이 아주 느리기 때문에 그 효과가 아주 뚜렷하게 보이는 거야. 이곳에서 계란을 냄비에 넣고 삶을 때, 냄비를 가만히 놔두지 않고 이리저리 움직여서 계속 속도를 가하면 어떻게 될까? 5분이면 삶아질 계란이 6분 만에 삶아질 거야. 마찬가지로 어떤 사람이 가속하는 기차에 앉아 있다면 모든 신체 작용이 느려질 거야. 그런 조건에서는 좀더 천천히 살게 되는 셈이지. 모든 작용이 그렇게 느려질 경우, 물리학자들을 그걸 가리켜 **불균일하게 움직이는 시스템에서는 시간이 더 천천히 흐른다고** 말하지."

"우리 세계에서도 그렇게 느려지는 현상을 실제로 관찰할 수 있나요?"

"물론 있지. 하지만 상당한 기술이 요구된다네. 필요한 가속을 얻는다는 게 기술적으로 아주 어려운 일이거든. 그러나 불균일하게 움직이는 시스템에서 일어나는 상황은 중력 운동을 할 때와 아주 비슷해. 아니, 아예 똑같다고 할 수 있어. 고속으로 상승하는 엘리베이터 안에서 몸이 무거워지는 느낌을 받은 적이 있을 거야. 반대로 고속으로 하강할 때(아예 엘리베이터 케이블이 끊어졌다고 할 때)는 체중이 푹 줄어드는 느낌을 받게 되지. 그건 가속 때문에 생긴 중력장이 지구 중력에 더해지거나 빼지기 때문이야. 태양 표면의 중력은 지구 표면의 중력보다 훨씬 크니까, 태양에서 일어나는 모든 작용은 지구에서보다 다소 느릴 수밖에 없지. 천문학자들은 그걸 실제로 관찰한다네."

"하지만 어떻게요? 태양에 직접 가서 관찰할 수는 없잖아요."

"그럴 필요가 없지. 태양에서 방출된 빛을 관찰하면 되니까. 이 빛은 태양 내부의 서로 다른 원자들이 진동함으로써 방출되는 거야. 만일 태양의 모든 작용이 지구보다 느리다면, 원자 진동의 속도도 그만큼 느릴 거야. 태양과 지구의 광원에서 나오는 빛을 비교해보면 그 차이를 알 수 있어. 그런데 여기가 어디지?"

노교수가 갑자기 말을 돌렸다.

"우리가 지금 통과하고 있는 이 역 이름이 뭔지 아나?"

기차는 작은 시골 역을 통과하고 있었다. 플랫폼에는 짐수레 위에 앉아 신문을 읽고 있는 젊은 짐꾼과 역장밖에 없었다. 그때 느닷없이 역장이 두 팔을 버둥거리더니 맥없이 고꾸라졌다. 쓰러진 역장 주위에 핏물이 고이고 있는 것으로 보아 총을 맞은 게 분명했다. 그러나 탐킨스 씨는 총소리를 듣지 못했다. 기차 소음 때문이었을 것이다. 노교수가 즉각 비상 줄을 잡아당기자 기차가 급정거했다. 그들이 기차에서 내려섰을 때, 젊은 짐꾼이 역장에게 달려가고 있었고, 경찰 한 명이 나타났다.

"총알이 심장을 관통했군."

시신을 살펴본 경찰이 말했다. 그는 큼직한 손을 젊은 짐꾼의 어깨에 턱 얹고 말했다.

"역장 살해 혐의로 체포하겠소."

"저는 죽이지 않았어요."

짐꾼이 외쳤다.

"총소리가 들렸을 때 나는 신문을 읽고 있었어요. 기차에서 내린 두 신사분이 다 보았을 거예요. 제가 결백하다는 걸 입증해줄 수 있을 거예요."

"그래요."

탐킨스 씨가 말했다.

"내 두 눈으로 똑똑히 보았습니다. 역장이 총격을 당했을 때 이 사람은 짐수레 위에 앉아 신문을 읽고 있었어요. 성서에 대고 맹세할 수도 있습니다."

"하지만 당신은 움직이는 기차 안에 있었잖소."

경찰이 위엄 어린 어조로 말했다.

"그러니 당신이 목격했다는 것은 전혀 증거가 될 수 없습니다. 플랫폼에서 보았다면 짐꾼이 총 쏘는 것을 보았을 수도 있습니다. 동시성이 관찰 좌표계에 따라 달라진다는 것을 모르십니까?"

그리고 경찰은 짐꾼에게 돌아서서 말했다.

"자, 순순히 따라오시오."

"잠깐만."

노교수가 끼어들었다.

"그 말은 전적으로 틀렸소이다. 경찰청에서는 당신이 무지한 것을 질책할 것이오. 물론 이 나라에서는 동시성의 개념이 대단히 상대적이라는 것은 사실이오. 또 이 나라에서는 서로 다른 장소에서 일어난 두 사건이 관찰자의 움직임에 따라 동시적일 수도 있고 아닐 수도 있습니다. 그러나 이 나라에서도 원인보다 결과를 먼저 목격할 수는 없지요. 전보를 발송하기 전에 받아본 적이 있소? 술병을 따기 전에 그 술을 마셔본 적이 있소? 당신은 우리가 탄 기차가 멀어져 가고 있었기 때문에, 총격 장면을 훨씬 늦게 목격했을 거라고 생각할 겁니다. 그런데 역장이 쓰러진 것을 보고 기차에서 곧바로 내렸지만, 그 때까지도 총격 장면은 보지 못했습니다. 그러니 다시 생각해 보시오. 경찰들은 서면 지시 사항만을 믿도록 배운 것으로 알고 있는데, 그걸 자세히 살펴보시오. 그러면 뭔가 알게 될 것입니다."

노교수의 조리 있는 말에 감복한 경찰이 윗주머니에서 복무 지침서를 꺼내들고 찬찬히 살펴보기 시작했다. 곧 경찰은 얼굴을 붉히며 계면쩍은 미소를 머금었다.

"여기 나와 있군요. 37조 12항 e절. '움직이는 어떤 시스템에서 목격했든, 범죄 순간에, 즉 어떤 시간 간격 $\pm cd$(c는 자연계의 한계 속도, d는 범행 장소로부터 떨어진 거리) 이내에, 용의자가 다른 곳에 있는 것을 목격했다는 권위 있는 증거가 있으면 이를 완벽한 알리바이로 인정해야 한다.'"

"당신은 무죄입니다."

경찰은 짐꾼에게 말한 다음 노교수를 돌아보았다.

"질책당하지 않게 해주셔서 대단히 감사합니다. 저는 신참이라서 아직 이런 규칙이 낯설어요. 아무튼 이 사건을 빨리 보고해야겠습니다."

경찰은 공중전화 박스로 달려갔다. 잠시 후 그가 외치는 소리가 들렸다.

"다 해결되었어요! 역사에서 달아나던 진범을 잡았답니다. 다시 한 번 감사드립니다!"

탐킨스 씨와 노교수는 다시 기차에 올랐다. 기차가 출발하자 탐킨스 씨가 말했다.

"내가 멍청해서 그런지, 동시성에 대한 얘기를 통 이해할 수가 없어요. 이 나라에서는 동시성이 아무런 의미도 없나요?"

"의미가 있지. 다만 어느 수준까지만. 그렇지 않으면 짐꾼을 도와줄 수도 없었겠지. 물체의 움직임이나 신호의 전달에는 자연 제한 속도가 있다는 것, 이것 때문에 일상적 의미의 동시성이 무의미해지는 거야. 좀 쉽게 말해보지. 가령 도시에 사는 자네가 먼 시골에 사는 친구와 편지를 주고받는데, 어떤 통신 수단보다도 우편기차가 가장 빠르다고 가정해보게. 일요일에 자네에게 어떤 사건이 일어났는데 같은 사건이 친구에게도 일어날 거라는 사실을 알고 편지를 띄웠어. 그런데 이 편지는 수요일이나 되어야 친구에게 도착하지. 이와 반대로, 자네에게 일어난 일을 친구가 미리 알았다고 한다면, 적어도 지난주 목요일에는 편지를 띄웠어야 하지. 그러니 목요일부터 다음 수요일까지 엿새 동안, 친구는 일요일의 자네 운명을 알려줄 수 없거나, 전해들을 수가 없지. 그러니까 인과 관계의 관점에서 친구는 엿새 동안 자네와의 연락이 두절되어 있는 거야."

"전보를 보내면 되잖아요."

탐킨스 씨가 말했다.

"우편기차가 가장 빠른 통신 수단이라고 가정했잖아. 이 나라에서는 그렇게 가정하는 게 옳아. 우리 세계에서는 광속이 가장 빠르기 때문에, 무전을 친다고 해도 광속보다 빠를 수는 없어."

"하지만 우편기차의 속도보다 빠른 게 있든 없든, 그게 동시성과 무슨 관계가 있다는 거죠? 그 친구와 내가 일요일 저녁식사를 동시에 할 수 있다는 건 마찬가지잖아요."

"아니지. 그런 진술은 증거로 채택될 수가 없어. 우리 세계에서 빛의 속도로 달리며 목격한 사람이라면 그렇게 말할 수 있겠지. 하지만 이 나라에서는 달라. 빛의 속도가 느린 이 나라의 목격자라면, 자네가 일요일 저녁식사를 하는 것과 같은 시간에, 친구는 금요일 아침이나 화요일 점심을 먹었다고 주장할 거야. 하지만 어떠한 목격자라 해도, 자네와 친구가 사흘 이상의 간격을 두고 식사한 것을 동시에 목격했다고 말할 수는 없지."

"하지만 그 모든 일이 어떻게 가능한 거죠?"

탐킨스 씨는 믿기지가 않았다.

"지난번 강의 때 말한 것처럼 아주 간단해. 서로 다른 속도로 움직이는 좌표계에서 목격했다고 하더라도 속도의 한계는 언제나 같은 거야. 이러한 사실을 인정할 때 마땅히 나오게 되는 결론은…."

그 순간 그들의 대화가 끊기고 말았다. 탐킨스 씨가 내려야 할 역에 도착했던 것이다.

해변에 도착한 다음 날 아침, 탐킨스 씨가 아침식사를 하러 호텔 베란다로 내려왔을 때 아주 뜻밖의 광경을 보게 되었다. 맞은편 구석 탁자에 노교수와 아리따운 처녀가 함께 앉아 있었던 것이다. 그녀는 노교수와 쾌활하게 얘기를 나누며 종종 탐킨스 씨를 힐끔거렸다.

'그 기차에서 나는 정말 멍청해 보였을 거야.'

그런 생각이 들자 탐킨스 씨는 자신에게 화가 치밀었다.

'저 교수는 나이를 먹는 것에 대해 내가 바보 같은 질문을 한 것을 기억하고 있을까? 아무튼 이번에야말로 좋은 기회야. 이번에는 노교수와 더 친해져야지. 그리고 아직 이해하지 못한 것들을 물어봐야겠어.'

그는 내심 인정하고 싶지 않았지만, 단지 노교수와 친해지기만을 바란 게 아니었다.

"아, 그래, 그래. 강의할 때 자네를 본 기억이 나는군." 식당을 떠나려던 노교수가 말했다.

"여긴 내 딸 모드라네. 미술을 공부하고 있지."

"모드 양, 만나서 정말 반갑습니다."

탐킨스 씨는 모드라는 이름이 이 세상에서 가장 아름다운 이름이라고 생각했다.

"이곳은 너무 아름다워서 스케치할 게 많겠어요."

"나중에 자네에게도 보여줄 걸세."

노교수가 말했다.

"그래, 내 강의를 듣고 얻은 게 좀 있었나?"

"그럼요, 아주 많은 것을 배웠어요. 사실 나는 광속이 시속 10마일(1.6km)인 도시를 방문한 적이 있었습니다. 그때 물체의 상대적 수축이나 이상한 시간의 흐름도 직접 경험했어요."

"그렇다면 더욱 아쉽군. 그 다음 강의를 들었어야 했는데. 공간의 휘어짐, 뉴턴 중력과 휘어진 공간의 관계에 대한 강의 말일세. 하지만 이 해변에서는 한가하니까 내가 직접 자네에게 설명해주지. 예를 들어, 공간의 양의 곡률과 음의 곡률의 차이 같은 것 말이야."

"아빠."

모드가 부루퉁하게 말했다.

"또 물리학 얘기를 하시겠다면 저는 가서 그림이나 그리겠어요."

"그러렴. 어서 가봐."

노교수가 안락의자에 몸을 깊숙이 파묻으며 말했다.

"자네는 수학을 많이 공부한 것 같지 않군. 하지만 쉽게 설명해줄 수 있을 거야. 편의상 표면의 예를 들어보지. 수많은 주유소를 운영하는 셸 석유 회사 사장인 셸 씨가 미국 전역의 주유소가 고르게 분포해 있는지 알아보려고 했어. 그래서 전국 주유소 가운데 미국 중심부, 예를 들어 캔자스시티에 있는 한 주유소에 지시를 내렸지. 그곳을 중심으로 해서 100마일, 200마일, 300마일 이내에 있는 주유소 수를 각각 집계하라고 말이야. 셸 씨는 초등학교 시절에 원의 면적은 반지름의 제곱에 비례한다는 것을 알고 있었지. 그래서 각 지역에 주유소가 고르게 퍼져 있을 경우, 그 숫자가 1:4:9:16 등으로 증가할 거라고 예상했어. 그런데 실제 보고를 받아보니 증가율이 둔한 것을 알고 깜짝 놀랐지. 예를 들어 1:3.9:8.6:14.7 등이었던 거야. '도대체 엉망이잖아. 경영자들이 제대로 일을 하지 못했어. 왜 캔자스시티 주변에 주유소가 집중되어 있느냔 말이야.' 셸 씨는 이렇게 호통을 쳐댔지. 그런데 이런 결론이 과연 옳을까?"

"옳을까요?"

다른 생각을 하고 있던 탐킨스 씨가 되물었다.

"틀렸지."

노교수가 근엄하게 말했다.

"그는 지구 표면이 평면이 아니라 곡면이라는 사실을 계산에 넣지 않았던 거야. 반지름이 증가할 때 곡면에서는 평면에서보다 면적 증

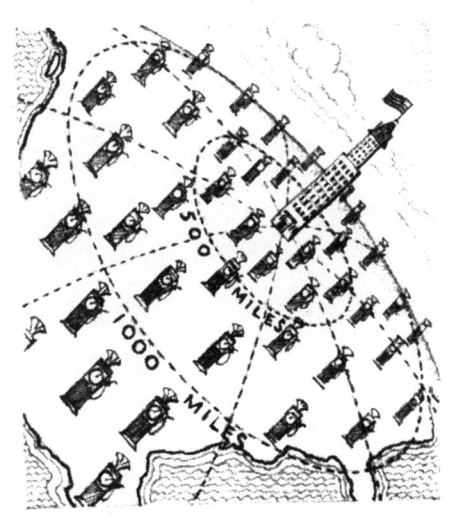
미국의 주유소 분포

가율이 떨어진다네. 아직 모르겠나? 그럼 지구의를 생각해보게. 가령 자네가 북극에 있다고 해봐. 지구를 평면으로 생각할 경우, 자오선의 절반 거리, 즉 북극에서 적도까지의 거리를 반지름으로 하는 원의 면적이 북반구의 면적이 되겠지. 이 반지름을 두 배로 해서 계산하면 지구 표면의 전체 면적이 나올 거야. 이 경우 평면에서라면 면적이 네 배가 되어야 해. 그런데 지구의 경우에는 두 배밖에 안 돼. 북반구 면적에 남반구 면적을 더하는 셈이니까. 이제 확실히 알겠나?"

"네."

탐킨스 씨는 애써 정신을 집중하며 말했다.

"그런데 그건 양의 곡률인가요, 음의 곡률인가요?"

"양의 곡률이지. 지구의의 예를 통해 알 수 있듯이, 양의 곡률은 일정한 면적을 갖는 유한한 표면에 해당하는 거야. 음의 곡률을 갖는 표면의 예로는 말안장을 들 수 있지."

"말안장?"

탐킨스 씨가 되뇌었다.

"그래, 말안장. 지구 표면으로 말하자면 산골짜기 같은 거야. 어떤 식물학자가 골짜기 오두막에 살면서 주위의 소나무 밀도를 조사한다고 가정해보게. 그가 오두막을 중심으로 해서 양쪽 산 능선까지 반경 30미터, 60미터, 90미터 이내에서 자라는 소나무의 수를 각각 세어본다면, 이때 소나무의 수는 각 거리의 제곱보다 더 큰 비율로 증가한다는 것을 알게 될 거야. 다시 말해서 말안장 반경 내의 표면적은 평면에서보다 더 높은 비율로 증가하는 거지. 이런 말안장 표면은 음의 곡률을 지니고 있어서 평면 위에 펼쳐놓으면 주름이 잡혀. 반면에 구면을 평면에 펼쳐놓으려고 하면 찢어지게 되지. 신축성이 없을 경우 말이야."

"알겠어요. 그러니까 말안장 표면은 휘어 있지만 무한하다는 거지요?"

"바로 그거야. 말안장 표면은 모든 방향으로 무한히 펼쳐져도 그 공간이 닫히는 법이 없어. 물론 산골짜기 같은 말안장 표면은 산을 벗어나자마자 음의 곡률이 끝나고 양의 곡률이 시작되겠지. 하지만 모든 곳이 음의 곡률만 가진 표면을 상상할 수는 있어."

"휘어진 3차원 공간에는 어떻게 적용되나요?"

"산골짜기 경우와 정확히 똑같아. 어떤 물체가 공간 속에 고르게 퍼져 있을 경우, 그러니까 이웃한 두 물체의 거리가 항상 같을 경우, 일정한 거리 안에 있는 물체의 수를 센다고 해봐. 그 개수가 거리(반지름)의 제곱에 비례하여 증가한다면 그건 평면 공간이지. 증가율이 낮다면 양의 곡률이고, 증가율이 높으면 음의 곡률인 거야."

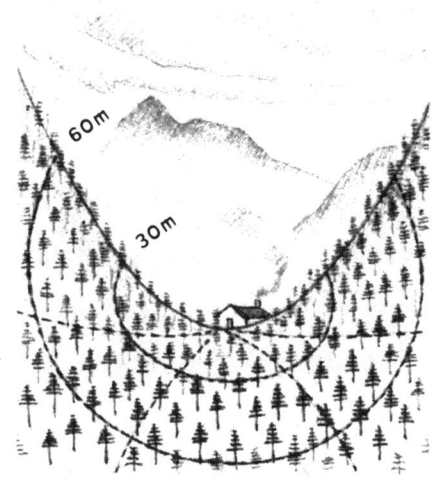

말안장 형태의 골짜기에 있는 오두막

"그렇다면 양의 곡률일 경우 일정 거리 이내의 공간 부피가 더 작고, 음의 곡률일 경우 부피가 더 크다는 얘기로군요?"

탐킨스 씨가 놀라워하며 말했다.

"바로 그거야."

노교수가 미소를 지으며 말했다.

"이제야 제대로 이해하는군. 우리가 살고 있는 대우주의 곡률 지표를 조사하기 위해서는 멀리 떨어진 물체들의 숫자만 헤아리면 된다네. 자네도 들어서 알고 있겠지만, 커다란 성운들이 우주 공간 속에 고르게 퍼져 있고, 수십억 광년이나 먼 거리에 있는 것까지 관측되고 있지. 이런 성운은 우주의 곡률을 조사하는 데 아주 편리한 것들이라네."

"그래서 우리 우주가 유한할 뿐만 아니라 닫힌 공간이라는 결론이 나왔나요?"

"글쎄, 그 문제는 아직 해결되지 않았어. 우주론에 관한 첫 논문에서 아인슈타인은 우주가 유한하고, 닫혀 있으며, 시간이 아무리 흘러도 불변이라고 말했지. 그 후 러시아 수학자 알렉산드르 프리드만 *A. A. Friedmann*이 아인슈타인의 기본 방정식으로 전혀 다른 결론을 내릴 수도 있다는 것을 입증했지. 즉, 우주가 나이를 먹음에 따라 팽창하거나 수축할 가능성도 있다는 거야. 이러한 수학적 결론을 실제로 확인한 사람이 미국의 천문학자 에드윈 허블 *E. Hubble*이야. 허블은 마운트 윌슨 천문 관측소에서 구경 2.5미터짜리 망원경으로, 은하가 서로 멀어지고 있다는 사실, 즉 우주가 팽창하고 있다는 사실을 발견했어. 이러한 팽창이 무한히 계속될까? 아니면 미래의 일정 시점에 최대치에 도달한 다음부터는 수축할까? 이 점에 대해서는 아직 의견이 분분하다네. 관측을 더 해봐야만 답을 알 수 있겠지."

노교수가 얘기하는 동안, 주위에서 아주 이상한 변화가 일어나고 있었다. 로비의 한쪽 끝이 아주 작아지더니, 그곳에 있던 가구들이 찌그러지기 시작했다. 한편, 반대쪽 끝은 한없이 커지기 시작해서, 온 우주가 그 안에 들어갈 수도 있을 것 같았다. 그때 소름끼치는 생각이 탐킨스 씨의 뇌리를 스치고 지나갔다. 모드 양이 그림을 그리고 있는 해변이 우주 공간에서 튕겨져 나갔다면 어떡하지? 그러면 두 번 다시 모드 양을 만나지 못할 거야! 탐킨스 씨가 벌떡 일어나 문 쪽으로 치닫자 노교수가 뒤에서 외쳤다.

"조심해! 양자상수가 미쳐버렸어!"

해변에 나가보니 처음에는 사람들이 몹시 붐비고 있는 것 같았다. 수천 명의 여자들이 무질서하게 뿔뿔이 흩어져 달리고 있었던 것이다.

'이 많은 사람들 속에서 어떻게 모드 양을 찾지?'

탐킨스 씨는 난감했다. 바로 그때 수많은 여자들이 전부 모드 양처럼 보였다. 탐킨스 씨는 이것이 바로 불확정성 원리의 장난이라는 것을 알아차렸다. 곧이어 엄청나게 큰 양자상수의 파도가 물러가자, 모드 양이 겁먹은 얼굴로 해변에 서 있는 게 보였다.

"아, 당신이로군요!"

그녀가 안심된다는 듯이 중얼거렸다.

"수많은 사람이 내게 달려드는 줄 알았어요. 모자도 쓰지 않고 뜨거운 햇볕을 쬔 탓인가 봐요. 호텔에 가서 모자를 가져올 테니까 잠깐만 기다려 줄래요?"

"아, 안 돼요. 우리는 이제 서로 떨어져 있으면 안 돼요. 지금 빛의 속도가 달라지고 있다는 느낌이 들었어요. 당신이 호텔에서 돌아올 때쯤이면 나는 노인이 되어 버렸을지도 몰라요!"

"말도 안 돼."

그녀는 슬며시 탐킨스 씨의 손을 잡았다. 호텔까지 반쯤 갔을 때 또 다른 불확정성의 파도가 그들을 덮쳤다. 그들은 해변에 쓰러졌다. 그와 동시에 근처 언덕에서 주름진 커다란 공간이 확산되면서 주위의 암석과 어촌의 집들을 이상한 모양으로 휘어지게 만들었다. 엄청난 중력장 때문에 굴절된 태양 광선이 수평선으로부터 사라지자 탐킨스 씨는 완전한 어둠에 잠겨버렸다.

한 세기가 지났다 싶은 순간, 다정한 목소리가 그를 깨웠다.

"저런, 물리학 얘기를 듣다가 잠들어 버렸군요."

모드 양의 말이었다.

"나랑 같이 수영하러 가지 않을래요? 오늘은 물이 아주 따뜻해요."

탐킨스 씨는 스프링이 튀어 오르듯 안락의자에서 벌떡 일어섰다.

'꿈이었구나.'

같이 해변으로 내려가며 그는 생각했다.

'아니, 이제야말로 꿈이 시작되는 것은 아닐까?'

휘어진 공간, 중력, 우주에 관한 노교수의 강의

신사 숙녀 여러분!

오늘은 휘어진 공간과, 그 공간이 중력 현상과 어떤 관계를 지니고 있는지 말씀드리겠습니다. 여러분은 휘어진 선이나 휘어진 표면에 대해서는 쉽게 상상할 수 있을 것입니다. 그러나 휘어진 3차원 공간에 대해서는 어리둥절해서, 그걸 아주 이상하고 초자연적인 것이라고 생각하겠지요.

휘어진 공간에 대해 흔히 '공포'를 느끼는 것은 왜일까요? 이 개념은 과연 휘어진 표면 개념보다 더 이해하기 어려운 것일까요? 지구 표면의 굴곡이나 말안장의 휘어진 표면은 쉽사리 관찰할 수 있지만, 휘어진 공간은 '밖에서' 관찰하기가 어렵기 때문에 그 개념을 받아들이기가 어렵다고 말할지도 모르겠습니다. 그러나 이렇게 말하는 분은 휘어졌다는 것의 수학적 의미를 잘 모르는 분입니다.

수학에서는 휘어졌다는 말을 일상용어와 약간 다른 뜻으로 사용합니다. 수학자는 어떤 표면 위에 그려진 기하학적 도형의 성질이 평면에 그려진 도형의 성질과 다를 때, 그 표면을 휘어졌다고 말하지요. 그리고 수학자는 이러한 휘어짐이 유클리드 기하학의 고전 법칙과 얼마나 다른가를 따져서 곡률을 측정한답니다.

여러분이 기초 기하학을 배워서 알고 있듯이, 평면의 백지 위에 삼각형을 그리면 내각의 합은 180도입니다. 이 백지를 말아서 원통형, 원추형, 기타 더 복잡한 형태로 만들 수 있지만, 그래도 종이 위에 그려진 삼각형의 내각의 합은 여전히 180도입니다.

이처럼 변형시켜도 평면기하학은 달라지지 않습니다. '내부' 곡률의 관점에서, 이렇게 변형된 표면(상식적인 의미의 곡면)은 여전히 평면처럼 평평하기 때문입니다. 그러나 백지를 둥근 물체나 말안장 표면에 붙이려고 하면 종이를 늘이지 않고는 붙일 방법이 없지요. 그리고 공 위에 삼각형(즉 구면 삼각형)을 그리면, 유클리드 기하학의 가장 간단한 정리조차 통하지 않게 됩니다.

구체적인 예를 들어 보겠습니다. 북반구의 두 자오선을 두 변으로 하고 그 자오선 사이의 적도를 밑변으로 삼아서 삼각형을 만든다면, 밑변의 두 각만 해도 벌써 180도가 됩니다. 이와 반대로, 말안장 표면에 삼각형을 그리면, 놀랍게도 내각의 합은 늘 180도보다 작습니다.

그러므로 **어떤 표면의 곡률을 알아내려면 먼저 그 표면의 기하학을 알 필요가 있습니다**. 그런데 바깥에서 그 표면을 살펴보는 것은 종종 착오를 일으킵니다. 여러분에게는 원통형의 표면이나 반지의 표면이

다를 게 없어 보일지도 모릅니다. 그러나 원통형 표면은 평면으로 펼쳐 놓을 수 있으니까 사실상 평면인데 비해, 반지의 표면은 그렇지 않습니다. 이러한 곡률의 새로운 개념에 익숙해지면, 우리가 살고 있는 공간이 휘었는가, 그렇지 않은가를 논하는 물리학자의 말을 더 잘 이해할 수 있지요. 일단 물리적 공간에 그려진 기하학적 도형이 유클리드 기하학의 일반 법칙을 따르는가, 따르지 않는가를 알아내는 것이 중요합니다.

그러나 실제의 물리적 공간을 얘기하려면, **기하학에서 사용하는 용어의 물리학적 정의**를 먼저 알아야 합니다. 특히 모든 도형의 기초가 되는 직선의 개념을 먼저 이해할 필요가 있습니다.

여러분은 직선이 두 점 사이의 최단 거리라는 것을 알고 계실 겁니다. 두 점 사이에 줄을 놓고 잡아당겨서 직선을 구할 수 있습니다. 결과는 같지만, 아주 공들여 두 점 사이에 일정한 길이를 가진 측정 막대를 최소한으로 놓을 수 있는 하나의 선을 찾음으로써 직선을 구할 수도 있지요.

그런데 직선을 발견하는 이러한 방법도 물리적 조건에 따라 결과가 달라집니다. 이것을 설명하기 위해, 먼저 중심축을 고정하고 고르게 회전하는 커다란 원반이 있다고 해봅시다. 그리고 한 실험자(다음 그림 속의 2번 실험자)가 원반의 테두리에 있는 두 점을 연결하는 최단 경로를 찾는다고 합시다. 그는 13센티미터 길이의 측정 막대가 가득 들어 있는 상자를 가지고 있습니다. 그는 이 막대를 가능한 한 적게 사용해서 두 점을 연결하려고 합니다.

만약 원반이 돌고 있지 않다면, 실험자는 그림에서 점선으로 표시된 부분을 따라 측정 막대를 놓게 될 것입니다. 그러나 원반이 회전하고 있기 때문에 측정 막대는 상대적으로 수축하게 됩니다(이것은 앞서의 강의에서 말한 바 있습니다). 원반의 가장자리 근처에 있는(그래서 더 큰 선형 속도를 가지고 있는) 측정 막대는 중심 가까이 있는 것들보다 더 많이 수축됩니다. 그래서 각각의 막대를 가장 길게 사용하려면 가능한 한 측정 막대를 중심 가까이 놓아야 합니다. 그러나 직선의 양끝이 주변부에 위치해 있으므로, 직선의 중간이 원반 중심에 너무 가까워지는 것도 역시 불리한 일입니다.

이런 두 조건이 타협해서 결국 다음과 같은 결과를 얻게 됩니다. **최단 거리는 중심 쪽으로 살짝 볼록한 곡선으로 표현된다.**

실험자가 측정 막대를 사용하지 않고 줄을 사용한다고 해도 결과는 마찬가지일 것입니다. 줄의 각 부분이 측정 막대처럼 상대적으로 수축할 테니까요. 그러나 원반이 회전하기 시작할 때 팽팽한 줄의 모양이 변형되는 것은, 원심력의 영향과는 하등 관계가 없다는 점을 강조하고 싶습니다. 일상적인 원심력과 무관하다는 것은 두말할 나위도 없고, 줄이 아무리 팽팽하더라도 여전히 이러한 변형이 일어날 것입니다.

이렇게 해서 얻은 '직선'을 이제 원반 위의 관찰자가 빛의 경로와 비교한다면, 그는 빛이 이 직선을 따라 진행한다는 사실을 알게 될 것입니다. 물론 원반 밖에 서 있는 관찰자에게는 빛이 휘어지는 것처럼 보이지 않을 것입니다. 바깥의 관찰자는 원반 위의 관찰자가 얻은 결과를 이렇게 해석할 겁니다. 즉, 원반의 회전과 직진하는 빛이 서로 겹쳐서 그렇게 되었다고. 회전하는 전축판 위에 손으로 직선을 그으면 곡선이 그려지는 것과 같은 이치라고….

과학자들이 회전하는 원반 위에서 무엇인가를 측정하고 있다.

그러나 회전하는 원반 위의 관찰자가 보기에는, 그가 얻은 선이 '직선'일 수밖에 없습니다. 그것이 실제로 최단 거리이고, 그의 좌표계 내에서는 광선의 경로가 실제로 그 선과 일치했기 때문입니다. 이 관찰자가 원반의 주변부에 세 점을 찍은 후 직선으로 연결해서 삼각형을 그렸다고 해봅시다. 이 경우 삼각형의 내각의 합은 **180도보다 작을 것입니다**. 그리하여 그는 자신을 둘러싸고 있는 공간이 (음의 곡률로) 휘어져 있다는 타당한 결론을 내리게 될 것입니다.

다른 예를 들어 보겠습니다. 원반 위의 다른 두 명의 관찰자(3과 4)가 원반의 둘레 길이와 지름을 측정해서 원주율 π값을 알아보기로 했습니다. 3번 관찰자의 측정 막대는 원반의 회전에 영향을 받지 않겠지요. 그가 측정하는 지름은 회전하는 원반의 운동 방향과 항상 수직을 이루니까요. 그러나 원주를 측정하는 4번 관찰자의 막대는 수축이 될 테니까, 이 관찰자가 얻어낸 길이는 회전하지 않는 원반보다 더 길어지게 될 것입니다. 그래서 4번의 측정 결과를 3번의 결과로 나누어보면 교과서에서 나오는 **π값보다 더 큰 값**이 나올 것입니다. 바로 이것이 휘어진 공간의 결과인 것입니다.

원반의 회전에 영향을 받는 것은 길이 측정만이 아닙니다. 주변부에 위치한 시계는 더 빠른 속도로 운동하게 될 테고, 그 결과 앞 강의에서 설명한 바와 같이 원반 중심에 있는 시계보다 더 천천히 가게 될 것입니다.

만약 두 실험자(4와 5)가 원반의 중심에서 각자의 시계로 시간을 확인한 다음, 5번 실험자가 자기 시계를 가지고 상당 시간 주변부에 머물다가 다시 중심으로 돌아온다면, 그는 중심에 계속 남아 있던 시계에 비해 자기 시계가 늦다는 것을 알게 될 것입니다. 그리하여 5번 실험자는 원반의 위치에 따라 물리적 작용 속도가 다르다는 것을 알게 될 것입니다.

이제 우리의 실험자들이 잠시 실험을 멈추고, 그들이 얻어낸 기이한 기하학적 측정 결과를 곰곰 생각해 본다고 합시다. 또 그들의 원반이 창문도 없이 닫혀 있다고 해봅시다. 그들은 상대적인 움직임을 볼 수 없습니다. 그렇다면 그들은 모든 결과가 순전히 원반 자체의 물리적 조건 때문이고, '고정된 지반'에 대해 원반이 상대적으로 회전하는 것과는 아무런 관계도 없다고 말할 수 있을까요?

그들은 기하학의 변화에 대한 해명을 찾기 위해, 우선 원반과 '고정된 지반' 사이의 물리적 조건 차이를 살펴보게 될 것입니다. 이 과정에서 그들은 곧 모든 물체를 원반의 중심부에서 주변부로 끌어당기는 새로운 힘이 존재한다는 것을 알게 되겠지요. 그리하여 지금껏 발견된 기이한 결과-두 시계의 시차 따위-가 이 힘의 작용 때문이라고 판단할 것입니다. 그러니까 이 힘이 작용하는 방향으로 중심에서 멀어진 시계가 더 늦게 간다고 생각합니다.

그러나 이 힘이 정말 **새로운** 힘일까요? '고정된 지반'에서는 관찰할 수 없는 것일까요? 소위 중력이라는 힘 때문에 지구상의 모든 물체는 지구 중심을 향해 당겨진다는 사실은 이미 상식이 되었습니다. 물론 앞서의 실험에서는 원반 주변부를 향해 인력이 가해지고, 중력의 경우에는 지구 중심을 향해 인력이 가해지지만, 이것은 다만 힘의 분배에 차이가 있기 때문입니다. 그러나 좌표계의 불균일한 운동 때문에 생긴 '새로운' 힘은 이 강의실에 작용하는 중력의 힘과 똑같습니다. 간단한 구체적 예를 들어 보겠습니다.

별들 사이를 여행하는 로켓선이 있다고 합시다. 이 로켓선은 별들에서 멀리 떨어진 공간을 자유롭게 떠다니고 있어서, 로켓선 안에는 중력이 작용하지 않습니다. 로켓선 안의 물체와 실험자는 무게가 없이 공중을 자유롭게 헤엄칠 것입니다. 마치 쥘 베른(현대 공상과학소설에 크게 이바지한 프랑스 작가—옮긴이주)의 유명한 소설 〈달나라 여행〉에 나오는 미셸 아르당이나 그의 동료들처럼 말입니다.

자, 이제 엔진이 점화되고 로켓선이 움직이면서 서서히 속도를 올립니다. 그러면 어떤 일이 일어날까요? 로켓선이 가속될수록 그 안에 있는 모든 물체는 바닥 쪽으로 당겨질 것입니다. 바꿔 말하면, 로켓선의 바닥이 이들 물체를 향해 떠오른다고 할 수도 있지요. 이때 실험자가 사과를 손에 쥐고 있다가 놓는다 해도, 사과는 계속 로켓의 속도로 (주위 별들에 대해 상대적으로) 움직일 것입니다. 그러나 이때 로켓선은 가속되고 있습니다. 그 결과 점점 빠르게 움직이는 로켓 선실의 바닥은 결국 사과를 따라잡아서 사과와 부딪치게 될 것입니다. 이 순간부터 사과는 바닥에 달라붙어 있게 됩니다. 꾸준한 가속 때문에 압착되니까요.

그러나 로켓선 안에 있는 실험자의 입장에서 보면, 사과는 특정한 가속으로 '떨어지다가' 바닥에 부딪힌 후 사과 자체의 무게 때문에 그대로 달라붙어 있는 것처럼 보일 것입니다. 다른 물건을 떨어뜨려도 마찬가지입니다. 실험자는 모든 물체가 똑같은 가속으로 떨어지는 것을 목격하게 될 것입니다(공기 저항을 무시한다면). 그리고 바로 그것이 갈릴레이가 발견한 자유 낙하의 원칙이라고 생각할 것입니다. 즉, **가속된 로켓 속의 현상과 중력의 일반적 현상 사이에 차이가 있다는 것을 전혀 알아채지 못할 것입니다.**

선실에 벽시계가 있다면 시계추가 정상적으로 움직이고, 선반에 책을 올려놓아도 훨훨 날아가지 않습니다. 또 벽에 박은 못에 아인슈타인의 사진을 걸어놓을 수도 있습니다. 사실 좌표계의 가속 운동과 중력장의 등가성을 처음 지적한 사람이 바로 아인슈타인인데, 그는 이를 토대로 해서 일반상대성이론을 만들어 냈지요.

그러나 회전하는 원반의 예와 마찬가지로 로켓선의 예를 통해, 우리는 중력을 연구한 갈릴레이나 뉴턴이 몰랐던 현상들을 알게 됩니다. 즉, 로켓선의 내부 한 쪽에서 다른 쪽 벽에 걸어둔 스크린으로 빛을 비추면, 빛이 휘어진다는 사실을 알 수 있습니다. 휘어지는 정도는 로켓선의 가속 정도에 따라 다르지요. 그러나 외부 관찰자는 빛의 일정한 직진 운동과 로켓의 가속 운동이 겹쳐서 그런 결과가 나왔다고 해석할 것입니다. 이 로켓선에서는 기하학도 달라집니다.

그러니까 로켓선 안에서 3개의 광선으로 그린 삼각형은 내각의 합이 180도보다 클 테고, 원둘레와 지름의 비율도 π값보다 클 것입니다. 가장 간단한 가속 시스템의 두 사례를 이미 살펴보았지만, 앞에서 말한 등가원리는 고정된 어떠한 좌표계의 운동에도 유효합니다.

이제 가장 중요한 문제를 다룰 때가 되었습니다. 가속된 좌표계에서는 일상적인 중력장에서 관찰되지 않는 여러 현상이 관찰될 수 있다는 것은 이미 살펴보았습니다. 그런데 빛의 휘어짐이나 시계의 느려짐 같은 새로운 현상이 물체의 질량 때문에 생긴 중력장에서도 일어날 수 있을까요? 바꾸어 말하면, 가속 효과와 중력 효과는 매우 비슷한 정도가 아니라 아예 동일한 것일까요?

사람들은 스스로 깨달을 수 있는 단순한 법칙을 바라지요. 그래서 이 두 가지 효과가 동일한 것이었으면 싶을 것입니다. 최종적인 답은 아무래도 직접적인 실험을 해본 다음에야 가능할 것입니다. 그러나 우주의 법칙들이 간결하고 서로 부합하기를 바라는 인간 심리를 크게 만족시킬 수 있을 만큼, 이런 새로운 현상들이 일상적인 중력장에서도 존재한다는 것이 실험으로 입증되었습니다. 물론 가속 운동과 중력장의 등가원리에 따라 예측된 효과는 아주 미미합니다. 그래서 그 효과는 과학자들이 작정하고 찾아낼 경우에만 간신히 발견되지요.

앞에서 설명한 가속 시스템의 사례를 이용해서, 우리는 두 가지 중요한 상대적 중력 현상, 즉 시계 속도의 변화와 광선의 곡률을 손쉽게 측정할 수 있습니다.

먼저 회전하는 원반의 사례를 살펴봅시다. 이것은 기초 역학에도 나오는 것인데, 중심에서 r거리에 놓인 단위 질량 입자에 작용하는 원심력은 다음 공식으로 구할 수 있습니다.

$$F = rw^2 \qquad (1)$$

바닥은 결국 사과를 따라잡아서 사과와 부딪치게 될 것이다.

휘어진 공간, 중력, 우주에 관한 노교수의 강의

여기서 w는 일정한 속도로 회전하는 원반의 회전 각속도입니다. 입자가 중심에서 주변부로 이동하는 동안 원심력에 의해 이루어진 일의 총량은 다음과 같습니다.

$$W = \frac{1}{2} R^2 w^2 \tag{2}$$

여기서 R은 원반의 반지름을 나타냅니다.

위에서 설명한 등가원리에 따라, F는 원반에 미치는 중력과 동일하며, W는 중심과 주변부 사이의 중력 퍼텐셜(위치 에너지) 차이와 동일합니다.

앞 강의에서 말씀드린 바와 같이, 속도 v로 움직이는 시계의 감속 팩터는 다음 수식으로 구할 수 있습니다.(1% 느려져서 99%의 속도를 갖게 된다면 0.99가 바로 팩터임-옮긴이주)

$$\sqrt{1 - \left(\frac{v}{c}\right)^2} = 1 - \frac{1}{2}\left(\frac{v}{c}\right)^2 + \cdots \tag{3}$$

만일 v가 c에 비해 아주 작다면 위의 식에서 두 번째 이후의 항은 무시할 수 있습니다. 각속도의 정의에 따라 우리는 $v = Rw$임을 알 수 있고, '감속 팩터'는 다음과 같이 됩니다.

$$1 - \frac{1}{2}\left(\frac{Rw}{c}\right)^2 = 1 - \frac{W}{c^2} \tag{4}$$

위 수식을 통해 위치에 따라 달라지는 중력 퍼텐셜의 차이로 시계의 변화 속도를 알아낼 수 있습니다.

만약 우리가 에펠탑(높이 300미터)의 지하실과 꼭대기에 시계 하나씩을 놓아둘 경우, 두 시계의 중력 퍼텐셜 차이는 너무나 작아서, 지하실 시계는 꼭대기 시계보다 0.000,000,000,000,3%만 느려질 것입 니다. 시간 팽창 효과가 거의 나타나지 않는 셈이지요.

반면 지구 표면과 태양 표면의 중력 퍼텐셜은 대단히 큽니다. 그래서 0.000,005%(0.999,999,5 팩터 속도로) 느려지므로 아주 정확하게 측정하면 시간 차이를 알아낼 수 있습니다. 물론 시계를 태양 표면에 갖다 놓고 어떻게 되는지 살펴보려는 사람은 없겠지요. 물리학자들은 이보다 더 좋은 방법을 알고 있습니다. 우리는 분광기(빛 따위 전자파나 입자선을 파장에 따라 스펙트럼 분석하여 그 세기와 파장을 검사하는 장치-옮긴이)를 이용해서 태양 표면에 있는 여러 가지 원자의 진동 주기를 관찰할 수 있습니다. 그런 다음 이 주기를, 실험실에서 분젠 버너로 달군 동일 원소의 원자 진동 주기와 비교하는 것입니다. 태양 표면의 원자 진동 속도는 수식 (4)의 팩터 속도로 느려지므로, 이 원자들이 내뿜는 빛은 지구의 경우보다 더 붉은색을 띠게 될 것입니다. 이러한 '적색편이'는 우리 태양과 기타 항성들의 스펙트럼에서 실제로 관찰이 되었고, 그 스펙트럼을 정밀 측정한 결과, 이론으로 얻은 값과 정확히 일치했습니다.

따라서 적색편이의 존재는, 태양 표면에서 일어나는 작용이 얼마간

더 천천히 진행된다는 것을 입증하는 것입니다. 물론 그것은 표면의 높은 중력 퍼텐셜 때문입니다.

중력장에서 빛이 휘어지는 현상을 측정하기 위해서는 앞에서 언급한 로켓선의 사례를 이용하는 것이 좀더 편리합니다. 로켓의 폭을 l이라고 할 경우, 빛이 그 거리를 진행하는 데 걸리는 시간 t는 다음 수식으로 구할 수 있습니다.

$$t = \frac{l}{c} \tag{5}$$

이 시간 동안 로켓선이 g라는 가속도로 움직였다면, 그때의 거리 L은 다음과 같은 기초 역학의 수식으로 구할 수 있습니다.

$$L = \frac{1}{2}gt^2 = \frac{1}{2}g\frac{l^2}{c^2} \tag{6}$$

따라서 빛의 진행 방향의 변화를 나타내는 각은 다음과 같이 얻어집니다.

$$\phi = \frac{L}{l} = \frac{1}{2}\frac{gl}{c^2} radians \tag{7}$$

이 각은 빛이 중력장에서 진행하는 거리가 크면 클수록 더 커지게 됩니다. 여기서 로켓의 가속도 g는 물론 중력에 의한 가속도로 해석되어야 합니다. 만일 내가 이 강의실 안에서 빛을 보낸다면 그 거리 l은 대략 1,000cm가 될 것입니다. 지표면의 중력 가속도 g는 981cm/sec²이고 $c=3 \cdot 10^{10}$cm/sec이 되어 변화각의 크기는 다음과 같이 됩니다.

$$\phi = \frac{100 \times 981}{2 \times (3 \cdot 10^{10})^2} = 5 \cdot 10^{-10} \, radians = 10^{-10} \, sec \, of \, arc \quad (8)$$

따라서 우리의 강의실 내부와 같은 상황에서는 빛이 휘어지는 정도가 너무 작아 눈으로 확인할 수가 없습니다. 그러나 태양 표면에서는 g가 27,000cm/sec²이므로 태양의 중력장이 영향을 미치는 범위는 지구보다 훨씬 넓습니다. 정확히 계산해보면, 태양 표면에서 광선 곡률 값은 1.75″가 되는데, 이것은 개기일식 때 태양 근처에 있던 별들의 위치 변화를 알아내기 위해 천문학자들이 관찰한 값과 정확히 일치하는 것이었습니다. 따라서 이런 관측 결과 가속 효과와 중력 효과가 완전히 일치한다는 것을 알게 되었지요.

 자, 이제 공간의 휘어짐이라는 우리의 본래 주제로 돌아갑시다. 직선의 합리적 정의를 사용하여 우리는 다음과 같은 결론에 도달했습니다. 즉, 가속되고 있는 좌표계에서 기하학은 유클리드 기하학과 다른데, 이때 발견되는 공간이 곧 휘어진 공간이라는 것입니다. 또한 중력장은 좌표계의 가속 효과와 동일한 개념으로 이해될 수 있기 때문에, 중력장 속에 들어 있는 공간은 곧 휘어진 공간이라고 말할 수 있습니다. 또는 한 걸음 더 나아가 이렇게 말할 수도 있겠지요.

중력장(공간 곡률)의 물리적 표현이다.

따라서 각 지점에서 공간의 곡률은 질량 분포에 따라 결정되어야 하며, 무거운 물체 가까운 곳에서는 공간의 곡률이 최대치에 도달하게 됩니다. 여기서 휘어진 공간의 성질이나 질량 분포에 대한 의존도 등을 설명하기 위해 복잡한 수학 공식을 나열하지는 않겠습니다. 다만 이 곡률이 하나의 요소가 아니라 10가지 서로 다른 요소들에 따라 결정된다는 것만 말씀드리겠습니다. 이 요소들은 중력 퍼텐셜 $g_{\mu\nu}$로 표현되는데, 이것은 앞에서 W로 나타낸 고전물리학의 중력 퍼텐셜을 일반화한 것입니다. 따라서 각 점에서 곡률은 $R_{\mu\nu}$로 나타내는 서로 다른 10가지 곡률 반지름에 따라 설명됩니다. 이 곡률 반지름은 아인슈타인의 기본 방정식에 따른 물질 분포도와 관련됩니다.

$$R_{\mu\nu} - \frac{1}{2} g_{\mu\nu} R = -\kappa T_{\mu\nu} \qquad (9)$$

여기서 $T_{\mu\nu}$는 질량을 가진 물질의 밀도, 속도, 기타 중력장의 성질에 따라 달라집니다.

이 강의를 마치면서 수식 (9)의 가장 흥미로운 결과 하나를 소개하고자 합니다. 물질로 고르게 채워진 공간, 예컨대 우리의 우주 공간처럼 별들과 은하 시스템으로 채워진 공간에서는 다음과 같은 결론이 나옵니다. 즉, 각각의 별들 근처의 커다란 곡률을 제외하고, 우주 공간은 **먼 거리에 걸쳐서 고르게 휘어지는 규칙적 경향**을 갖고 있어야 한다는 것입니다. 수학적으로는 여러 가지 다른 답이 나오는데, 그 가운데 하나는 **우주 공간이 마침내 스스로 닫혀서 유한한 부피를 갖게 된다**는 것이고, 또 다른 답은 이 강의의 첫 부분에서 말씀드린 **말안장과 유사한 무한 공간을 갖게 된다**는 것입니다.

수식 (9)의 또 다른 흥미로운 결과는 그러한 우주 공간이 꾸준히 팽창 혹은 수축하고 있어야 한다는 것입니다. 휘어진 공간이 팽창 혹은 수축한다는 것은 곧 그 공간을 채우고 있는 입자들이 서로 달아나거나 서로 접근한다는 얘기입니다. 게다가 유한한 부피를 가진 닫힌 공간에서는 팽창과 수축이 주기적으로 번갈아 발생한다는 것을 알 수 있습니다. 바로 이런 이유로, 즉 맥박처럼 규칙적으로 움직인다고 해서 '맥동하는 우주'라고 말하는 것입니다. 이에 비해 무한한 '말안장 같은' 공간은 영원히 수축하거나 아니면 영원히 팽창하는 상태에 있습니다.

우리가 살고 있는 우주 공간에 대한 이런 수학적 가능성들은 물리학에서 답변할 문제가 아니라 천문학에서 답변할 문제입니다. 그러므로 이 문제에 대해서는 더 이상 자세히 말하지 않겠습니다. 다만 지금까지 나타난 천문학적 증거에 따르면 우리의 우주 공간은 계속 팽창하고 있다는 것만 말씀드리겠습니다. 하지만 이러한 팽창이 언제 수축 상태로 바뀔 것인지, 우주 공간의 규모가 유한한지 무한한지에 대해서는 아직 의문으로 남아 있습니다.

맥동하는 우주

바닷가 호텔에 도착한 첫날 탐킨스 씨는 노교수와 노교수의 딸 모드와 함께 저녁식사를 했다. 그는 노교수와 물리학 얘기를, 모드와는 미술 얘기를 했다. 식사를 마친 후 그는 자기 방에 가자마자 침대에 쓰러져 담요를 머리 위까지 뒤집어썼다. 보티첼리와 본디, 살바도르 달리와 프레드 호일, 르메트르와 라 퐁텐…. 화가와 물리학자의 이름이 피곤한 머릿속에서 윙윙거리다가 마침내 그는 깊은 잠에 빠져들었다….

한밤중에 탐킨스 씨는 이상한 기분을 느끼면서 잠이 깼다. 눈을 떠 보니 편안한 스프링 침대가 아니라 딱딱한 물체 위에 엎드려 있었다. 그는 주위를 두리번거렸다. 처음에는 해변의 커다란 바위 위에 엎드려 있는 줄만 알았다. 알고 보니 바위는 공중에 떠 있었다. 지름이 10미터쯤 되는 바위가 둥둥 떠 있었던 것이다. 바위에는 초록 이끼가 끼어 있었고, 몇 군데 바위틈에는 작은 나무가 자라고 있었다. 어스레한 빛이 감도는 주위 공간에는 먼지가 자욱했다. 이렇게 먼지가 자욱한 공간은 한번도 본 적이 없었다. 미국 중서부의 휘날리는 먼지를 찍은 영화에서도 이만큼 먼지가 일지는 않았다. 손수건으로 코를 가리니 간신히 견딜 만했다. 그러나 바위를 둘러싼 공간에는 먼지보다 더 섬뜩한 것이 있었다. 그의 머리통보다 큰 돌덩이가 획획 스쳐 지나갔던 것이다. 가끔 돌덩이가 바위에 부딪혀 둔탁한 소리를 내기도 했다. 때로는 그의 몸뚱이만한 돌덩이 한두 개가 저만치서 유유히 떠가기도 했다.

이렇게 주위를 둘러보는 동안 그는 바위가 튀어나온 부분을 힘껏 그러쥐고 있었다. 혹시라도 저 아래 먼지의 심연으로 추락할까봐 겁이 났던 것이다. 그러나 곧 대담해진 그는 바위 가장자리까지 살금살금 기어가 보았다. 실제로 바위를 떠받치고 있는 게 아무것도 없는지 알아보고 싶었던 것이다.

기어가면서 그는 놀라운 사실을 알았다. 체중 때문에 바위 표면에 밀착되어 있어서 굴러 떨어질 수가 없었던 것이다. 둥그런 바위를 4분의 1쯤 돌아갔는데도 떨어지지 않았다. 그는 처음 엎혀 있었던 곳의 바로 밑, 즉 정반대 쪽까지 돌아갈 수 있었다. 바위를 떠받쳐주는 것이 정말 아무것도 없었다. 또한 놀랍게도, 주위의 어스레한 불빛에 노교수의 모습이 보였다. 노교수는 바위 위에 꼿꼿이 서서 고개를 숙인 채 뭔가를 열심히 수첩에 적고 있었다.

이제 탐킨스 씨는 서서히 이해하기 시작했다. 지구가 태양 주위의 공간을 둥둥 떠다니는 커다란 둥근 바위라고 배운 것이 떠올랐고, 지

이곳에는 아침이 없어.

구의 정반대 쪽에 있는 두 지점(대척지)에 대한 그림도 떠올랐다.

'그렇다면 이 바위는 모든 것을 표면으로 잡아당기는 아주 자그마한 천체로군. 지름이 10미터도 안 되는 이 행성의 주민은 나와 노교수 둘뿐이야.'

그래도 이것을 알고 나니 조금은 안심이 되었다. 적어도 추락할 위험은 없었으니까!

"좋은 아침입니다!"

뭔가를 열심히 계산하고 있는 노교수에게 탐킨스 씨가 큰 소리로 말했다.

"이곳에는 아침이 없어."

노교수가 고개를 들고 말했다.

"이 우주에는 태양도 없고 빛을 내는 별이 하나도 없다네. 그래도 이 천체의 표면에서 화학작용이 일어나고 있다는 건 천만다행이야. 그렇지 않았더라면 이 공간이 팽창하고 있는 것을 관찰하지 못했을 테니까." 그리고 노교수는 다시 수첩을 내려다보았다.

탐킨스 씨는 그만 울적해지고 말았다. 온 우주에 유일하게 살아 있는 다른 사람을 만났는데, 그가 도무지 사교성이 없다니! 그때 갑자기 작은 운석이 날아와 탐킨스 씨를 도와주었다. 운석이 노교수의 수첩을 쳐서 날려버린 것이다. 수첩은 작은 행성을 떠나 빠르게 멀어져 갔다.

"이제 저 수첩을 다시는 보지 못하겠군요."

탐킨스 씨가 고소하다는 듯이 말했다. 수첩은 우주 공간을 날아가며 점점 더 작아졌다.

"그 반대야. 우리가 현재 있는 공간은 무한히 확장되는 공간이 아니거든. 물론 자네는 학창시절에 우주 공간이 무한하고 두 개의 평행선은 결코 만나지 않는다고 배웠겠지. 그런데 그건 사실이 아니야. 우리가 있는 지금 이곳에서도 사실이 아니고, 다른 인간들이 살고 있는 공간에서도 사실이 아니야. 물론 후자가 아주 커다랗긴 하지.

과학자들의 추산에 의하면 현재 그 공간의 거리는 16,000,000,000,000,000,000,000 킬로미터라는 거야(이 거리는 약 17억 광년에 해당하는데, 근년에 알려진 바에 따르면 지구에서 우주 끝까지의 거리는 160억 광년에 이른다―옮긴이주). 이 정도 거리라면 보통 사람이 보기엔 거의 무한이나 다름없지. 만약 내가 그 공간에서 수첩을 잃어버렸다면 되찾기까지 이루 헤아릴 수 없는 시간이 걸릴 거야. 하지만 이곳에서는 사정이 달라. 수첩을 잃기 직전에 나는 이 공간의 지름이 고작 8킬로미터 정도라는 걸 알아냈지. 물론 빠르게 팽창하고 있기는 하지만 말이야. 그러니 내 수첩은 앞으로 30분도 안 돼서 내게 돌아올 거야."

"아니, 그 수첩이 호주 원주민의 부메랑처럼 되돌아올 거라는 말씀인가요? 휘어진 궤도를 따라 움직이다가 교수님의 발밑에 뚝 떨어진다 이거예요?"

"그런 식은 아니지. 어떤 일이 일어나는지 알고 싶다면, 지구가 둥글다는 사실을 몰랐던 고대 그리스인을 생각해 보게. 가령 그가 하인에게 북쪽으로 한없이 가라는 지시를 내렸다고 해봐. 그런데 하인이 한참 뒤 남쪽에서 나타나 다가온다면 주인은 얼마나 놀라겠나. 주인은 틀림없이 하인이 중간에서 길을 잃고 헤매다가 되돌아온 거라고 생각할 거야. 그러나 실제로 하인은 지구 둘레를 한바퀴 빙 도는 여행을 해서 정반대 방향에서 나타나게 된 거지. 내 수첩도 바로 이 하인의 경우와 같아. 수첩이 중간에 돌덩어리와 부딪쳐서 직선 진로를 이탈하지만 않는다면 말이야. 자, 이 망원경으로 수첩이 아직도 저기 있는지 한번 살펴보게."

탐킨스 씨는 망원경을 들여다보았다. 먼지 때문에 온통 시야가 흐렸다. 그래도 수첩이 아득히 멀어져 가는 것을 가까스로 볼 수는 있었다. 수첩뿐만 아니라 아주 먼 거리에 있는 모든 물체가 분홍빛을 띠고 있는 것이 신기했다.

"아니, 수첩이 돌아오고 있어요."

그가 잠시 후 탄성을 질렀다.

"점점 커지고 있어요."

"아니야, 그건 아직도 멀어지고 있어."

"네에?"

"마치 돌아오는 것처럼 보이는 것은, 닫힌 구형의 공간에서 광선이 모이는 특이한 집속 효과 *focusing effect* 때문이지. 다시 고대 그리스인 얘기로 돌아가 볼까? 대기의 굴절 현상 때문에 광선이 지구의 휘어진 표면을 따라 계속 나아간다고 해봐. 그렇다면 그리스인은 고성능 망원경으로 하인이 걸어가는 모습을 계속 관찰할 수 있을 거야. 지구의를 생각해보게. 그 위에 가장 곧게 그려진 자오선들을 생각해봐. 처음에는 한 극점에서 갈라져 나온 수많은 자오선이 적도를 지나면 반대쪽 극점으로 수렴하기 시작하지. 이 자오선을 따라 광선이 나아간다고 가정해 보게. 이 경우 그리스인이 한쪽 극점에 서 있다면, 하인이 점점 더 작아지는 것을 보게 될 거야. 그러나 하인이 적도를 지나면 얘기가 달라져. 적도를 지난 다음부터는 하인이 점점 더 커져서 마치 돌아오는 것처럼 보일 거야. 하인이 반대편 극점에 도달하면 그때는 마치 하인이 바로 곁에 서 있는 것처럼 커 보이겠지. 물론 그를 만져볼 수는 없어. 망원경에 비친 영상일 뿐이니까. 이러한 2차원적인 비유를 토대로 해서, 이상하게 휘어진 3차원 공간에서는 광선이 어떻게 작용할지 상상해보게. 자, 지금쯤 수첩의 모습이 아주 가까워 보일 거야."

망원경에서 눈을 떼고 있던 탐킨스 씨는 육안으로도 수첩을 볼 수 있었다. 불과 몇 미터밖에 떨어져 있지 않은 것 같았다. 그러나 아주 이상해 보였다! 윤곽이 지워져버린 것처럼 흐릿했고, 노교수가 써넣은 수학 공식도 알아볼 수 없었다. 초점이 제대로 안 맞고 현상이 제대로 되지 않은 사진을 보는 것 같았다.

"이제 알겠나? 저건 수첩의 영상일 뿐이야. 우주의 절반을 가로질러 온 광선에 의해 왜곡된 영상이지. 저것이 영상이라는 것을 확인하고 싶으면, 수첩 뒤에 있는 돌들이 수첩과 겹쳐 보인다는 사실을 주목해보게."

탐킨스 씨는 팔을 뻗어 수첩을 잡으려고 해보았다. 손은 아무 저항도 받지 않고 수첩의 영상을 뚫고 지나갔다.

"진짜 수첩은 이제 우주의 반대쪽 극점에 근접했어. 자네는 지금 여기서 수첩의 이미지 두 개를 볼 수 있지. 두 번째 이미지는 자네 머리 뒤에 있는데, 두 개의 이미지가 합쳐질 때, 실제 수첩은 정확히 반대편 극점에 도달한 거야."

탐킨스 씨는 귀를 기울이고 있지 않았다. 혼자 골똘히 생각을 하는 중이었다. 그는 기초 광학에서 볼록 거울과 렌즈가 어떻게 물체의 이미지를 만들어 내는지 기억해 내려고 애썼다. 그가 포기하고 고개를 들자 두 개의 이미지가 서로 반대 방향으로 물러서고 있었다.

"무엇이 공간을 이처럼 휘게 해서 이런 이상한 효과를 일으키는 건가요?"

　노교수에게 물었다.

　"질량을 가진 물질이 존재하기 때문이지. 뉴턴은 중력의 법칙을 발견했을 때, 중력이 그저 보통의 힘인 줄만 알았어. 예를 들어 두 물체가 고무줄 같은 것을 당기고 있을 때 작용하는 것과 같은 유형의 힘인 줄 알았던 거야. 하지만 뉴턴이 간과한 신비한 사실이 있었지. 모든 물체는 그 무게나 크기에 상관없이 중력장 안에서 동일한 운동을 하고 동일한 가속도를 갖는다는 게 그거야. 물론 공기 마찰 등을 배제했을 경우의 얘기지. 이걸 뉴턴은 몰랐던 거야. 질량을 가진 물질이 일차적으로 휘어진 공간을 만들어내고, 공간 자체가 휘어져 있기 때문에 중력장 안에서 움직이는 모든 물체의 궤도는 휘어질 수밖에 없어. 이런 사실을 최초로 밝혀낸 사람이 바로 아인슈타인이지. 하지만 자네는 수학을 잘 모르니까 이해하기가 꽤 어려울 거야."

　"사실 그래요."

　탐킨스 씨가 말했다.

　"그런데 만일 물질이 없다면, 우리가 학교에서 배운 기하학에서 말하는 대로 두 평행선은 영원히 만나지 않게 될까요?"

　"그러겠지. 하지만 인간이 그걸 확인할 수는 없어. 인간도 물질적 존재니까."

　"그러니까, 유클리드가 결코 존재하지 않아야만, 절대적인 무의 공간에 대한 기하학이 성립할 수 있겠군요?"

그러나 노교수는 이런 형이상학적인 얘기를 좋아하지 않는 것 같았다.

그동안 수첩의 이미지는 원래 방향으로 다시 멀어져 가더니, 두 번째로 되돌아오기 시작했다. 그러나 이미지가 전보다 더 훼손되어 있어서 거의 알아볼 수 없었다. 노교수의 설명에 따르면, 이번에는 광선이 전체 우주를 돌아왔기 때문이었다.

"고개를 한번 돌려보게. 그러면 내 수첩이 드디어 우주여행을 마치고 돌아오는 것을 볼 수 있을 거야."

노교수는 손을 내밀어 수첩을 움켜잡더니 주머니에 쑤셔 넣었다.

"알다시피 이 우주에는 먼지와 돌이 너무 많아서 이 세계를 한 바퀴 둘러본다는 게 불가능해. 우리 주위에 보이는 저 형체 없는 그림자들은 우리 자신과 주위 사물의 이미지일 가능성이 많아. 하지만 자욱한 먼지와 휘어진 공간의 불규칙성 때문에 이미지가 너무 왜곡되어 있어서 뭐가 뭔지 알 수가 없는 거야."

"우리가 전에 살았던 대우주에서도 이와 동일한 효과가 발생하나요?"

"물론이지. 하지만 그 우주는 너무나 커서 광선이 우주를 한 바퀴 도는 데 수십억 년이 걸려. 그러니까 비유적으로 말하면, 거울 없이도 이발사가 뒷머리를 어떻게 이발했는지 자네가 직접 볼 수 있지만, 그건 자네가 이발소에 다녀온 지 수십억 년이 지난 다음에 가능하다는 얘기지. 게다가 별들 사이에 포진한 먼지 때문에 그 이미지는 전혀 알아볼 수 없을 정도겠지. 그런데 어느 영국 천문학자가 농담 삼아 이렇게 말한 적이 있다네. 현재 밤하늘에 보이는 별들 가운데 일부는 오래전에 존재했던 별들의 이미지에 불과할 뿐이라고."

탐킨스 씨는 노교수의 설명을 알아듣기 위해 너무 애를 쓴 나머지 피곤해졌다. 그는 잠시 긴장을 풀기 위해 주위를 둘러보았다. 놀랍게도 하늘의 모습이 크게 달라져 있었다. 우선 먼지가 줄어든 것 같았다. 그는 먼지 때문에 코와 입을 가린 손수건을 끌렀다. 작은 돌들이 전보다 훨씬 더 뜸하게 스쳐 지나갔고, 작은 행성에 부딪히는 힘도 훨씬 줄어들었다. 그리고 마침내 탐킨스 씨가 처음에 보았던 커다란 바위들(그가 서 있는 바위만큼 큰 것들)도 점점 더 멀어져서 이제는 거의 보이지 않게 되었다.

'이제야 좀 살 만하네.'

그는 속으로 생각했다.

'저것들이 내가 있는 바위와 부딪칠까봐 조마조마했는데.'

그는 교수를 돌아보며 물었다.

"갑자기 이렇게 달라진 이유가 뭐죠?"

"그야 뻔하지. 우리의 작은 우주가 아주 빠르게 팽창하고 있기 때문이야. 우리가 여기 온 이후 이 소우주의 크기가 8킬로미터에서 160킬로미터로 늘어났어. 나는 이 바위에 도착하자마자 멀리 있는 물체가 붉어지고 있는 것을 보고 이 우주가 팽창하고 있다는 것을 알았지."

"아주 먼 곳에 있는 모든 것이 분홍빛을 띠고 있는 게 보여요. 하지만 그게 이 우주의 팽창과 무슨 관계가 있나요?"

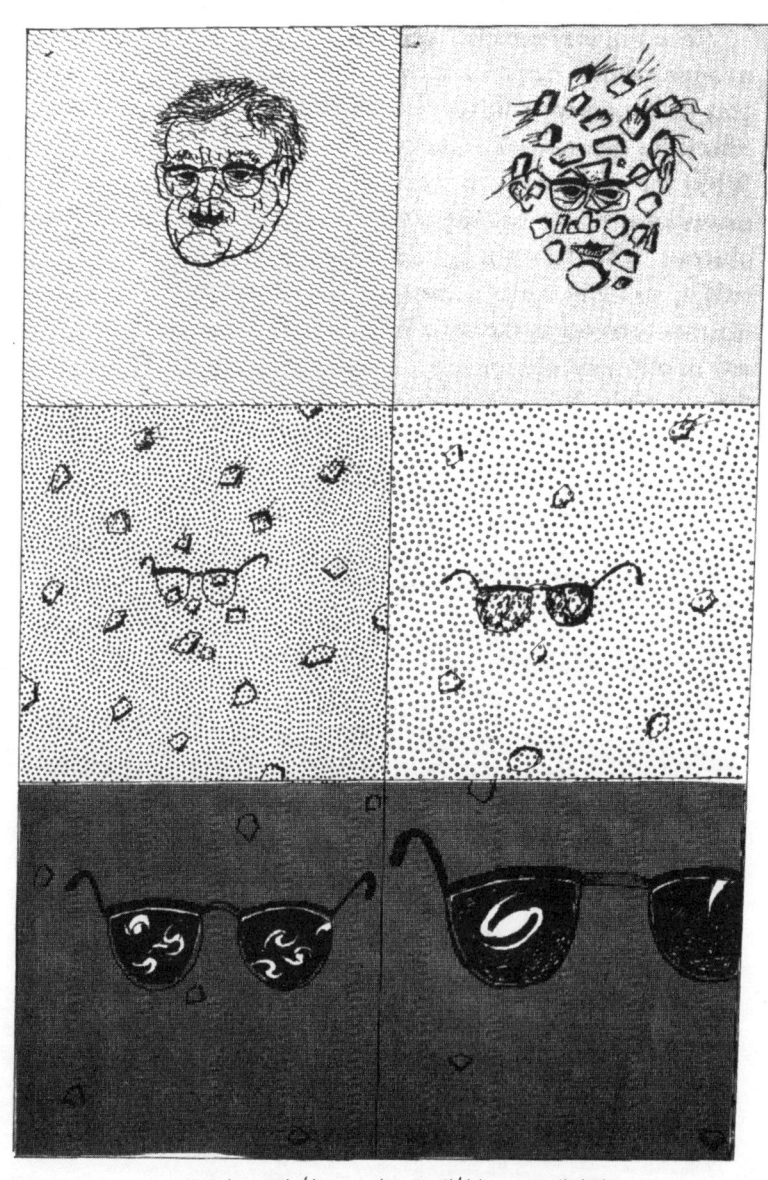

우주는 어떤 한계 이상으로 팽창하고 또 냉각된다
(1960년 1월 16일자 〈시드니 데일리 텔리그래프〉지의 만화에서 인용)

탐킨스 씨가 물었다.

"자네는 기적 소리를 유심히 들어본 적이 있나? 기차가 가까이 다가올 때는 기적 소리가 고음으로 들리지만 기차가 지나간 다음에는 더 낮게 들리지. 이게 소위 도플러 효과 *Doppler effect*라는 건데, 소리의 높낮이는 소리를 내는 물체의 속도에 따라 달라진다는 거지. 전체 공간이 팽창할 때, 그 공간 속의 모든 물체는 관찰자와 떨어진 거리에 비례하는 속도로 멀어지게 되어 있어. 그래서 이런 물체들이 내뿜는 빛은 점점 더 붉은색을 띠게 되는데, 이것이 낮은 소리에 해당하는 거야. 물체가 멀리 있을수록 더 빨리 움직이고 또 더 붉은 색깔을 띠게 되지.

우리의 대우주도 역시 팽창을 하고 있는데, 그렇게 점점 더 붉어지는 현상을 '적색편이'라고 한다네. 천문학자들은 이 현상을 이용해서 아주 멀리 떨어진 성운의 거리를 계산해낼 수 있지. 가령 가장 가까이 있는 성운인 안드로메다 성운은 0.05%의 적색편이를 보이는데, 이것은 80만 광년에 해당하는 거리야. 현재 사용 중인 최대 성능의 망원경으로 간신히 볼 수 있는 아주 멀리 떨어진 성운은 약 500%의 적색편이를 보이는데, 이것은 수십억 광년에 해당하는 거리지. 이 성운이 대우주의 적도 중간쯤에 위치하는 것으로 추정된다네. 이만하면 지구의 천문학자는 우주 전체 공간의 상당 부분을 알고 있다고 할 수 있을 거야. 현재의 팽창률이 연간 약 0.000,000,01%라고 할 때, 대우주의 지름은 초당 1,600만 킬로미터씩 늘어나고 있는 셈이지. 그런데 이 소우주는 상대적으로 훨씬 더 빨리 팽창하고 있어서 분당 1%나 팽창하고 있어."

"이 팽창은 멈추지 않을까요?"

탐킨스 씨가 물었다.

"물론 언젠가는 멈출 거야. 그런 다음에는 수축이 시작되겠지. 모든 우주는 아주 작은 지름과 아주 큰 지름 사이에서 맥동을 한다네. 대우주의 경우에는 이 주기가 아주 커서 수십억 년 단위가 된다고 하지만, 우리가 지금 서 있는 이 소우주에서는 주기가 약 두 시간 정도밖에 안 될 거야. 지금 이 순간이 최대 팽창의 상태야. 지금 이곳이 얼마나 추운지 느끼고 있나?"

이 소우주에 충만한 열복사는 아주 커다란 용적에 고루 퍼져 있기 때문에 그들이 서 있는 작은 행성에서는 별로 열기가 느껴지지 않았다. 이 행성의 기온은 거의 0도에 가까웠다.

"처음에 충분한 복사열이 있었기 때문에 그나마 이 정도의 열이 남아 있는 거야."

노교수가 설명했다.

"그렇지 않았다면 아주 추웠겠지. 그러면 이 바위 주위의 공기가 액화돼서 우리는 얼어 죽었을 거야. 하지만 수축이 이미 시작되었으니까 곧 따뜻해질 걸세."

그때 탐킨스 씨는 하늘을 쳐다보았다. 멀리 떨어져 있는 물체가 분홍빛에서 이제는 자줏빛으로 바뀌었다. 노교수는 별들이 자기들 쪽으로 다가오고 있기 때문에 그렇게 색깔이 바뀐 거라고 설명했다. 다가오는 기차의 기적 소리가 고음으로 들린다던 노교수의 말이 생각난 탐킨스 씨는 별들의 그런 이동에 몸을 부르르 떨었다. 겁이 났던 것이다.

"지금 이 순간 모든 것이 축소된다면, 곧 우주를 채우고 있는 모든 커다란 바위가 서로 충돌하지 않을까요? 그러면 우리는 바위에 깔려 죽겠네요."

탐킨스 씨는 여간 불안하지 않았다.

"그러겠지."

노교수가 침착하게 대답했다.

"하지만 깔려 죽기 전에 주위 기온이 치솟아서 우리는 원자로 분해되어 버릴 거야. 대우주가 끝장날 때도 바로 그런 일이 일어나겠지. 모든 것이 일정한 고온의 가스 천체 속으로 섞여 들어가고 말 거야. 그런 다음 새로운 팽창이 시작되어 새로운 생명이 움트겠지."

"아이고!"

탐킨스 씨가 절망적인 어조로 말했다.

"교수님 말씀대로라면, 우리의 대우주에서는 종말이 오려면 수십억 년이 지나야 되는데, 이 소우주에서 나는 너무 빨리 종말을 맞는군요! 벌써 열기가 느껴져요. 잠옷만 입고 있는데도!"

"잠옷을 벗지 않는 게 좋을 거야. 그래봐야 도움이 되지 않을 테니까. 자, 엎드려서 관찰해보세."

탐킨스 씨는 아무런 대꾸도 하지 않았다. 공기가 견딜 수 없도록 뜨거웠다. 먼지는 이제 밀집해서 주위에 수북이 쌓이기 시작했다. 부드럽고 따뜻한 먼지 담요에 둘둘 말려 있는 듯한 느낌이 들었다. 탐킨스 씨는 이 담요에서 몸을 빼내려고 버둥거렸다. 불현듯 한 손이 시원해졌다.

'내가 이 무자비한 우주에 구멍을 뻥 뚫은 것일까?'

얼핏 그런 생각이 들었다. 그것을 물어보고 싶었지만, 노교수는 어디에도 보이지 않았다. 그 대신, 아침의 희멀건 빛에 비친 낯익은 침실 가구들의 흐릿한 윤곽이 보였다. 알고 보니 그는 모직 담요에 둘둘 말린 채 침대 위에 누워 있었다. 그러다가 간신히 손 하나를 담요 밖으로 빼냈던 것이다. 팽창과 함께 새로운 생명이 움틀 거리는 노교수의 말을 떠올리며 그는 생각했다.

'우리 우주가 아직 팽창하고 있으니 얼마나 다행인가!'

그리고 그는 샤워를 하러 갔다.

우주의 오페라

그날 아침, 탐킨스 씨는 노교수와 함께 식사를 하며 간밤에 꾼 꿈 이야기를 했다. 노교수는 다소 회의적인 표정으로 그의 말을 듣더니 이렇게 말했다.

"우주가 붕괴한다는 것은 물론 아주 극적인 종말이겠지. 하지만 은하들이 서로 멀어져가는 속도가 아주 빠르기 때문에 현재의 팽창은 결코 붕괴로 이어지지 않을 거라고 봐. 공간 속의 은하 분포가 더욱 희박해지면서 우주는 어떤 한계 이상으로 계속 팽창하게 될 거야. 은하를 형성한 별들이 핵연료의 소진으로 모두 불타 버린다면 그때에는 우주가 차갑고 어두운 천체의 집합체가 되어 무한으로 흩어지고 말 거야.

그러나 정반대로 생각하는 천문학자들도 있긴 해. 그들은 소위 안정상태 우주론을 주장하지. 우주는 시간이 아무리 흘러가도 변치 않는다는 거야. 우주는 지금과 똑같은 상태로 과거에도 무한히 그러했고, 앞으로도 그렇게 무한할 거라는 거야. 물론 이것은 현 상태의 세계를 그대로 유지하고 싶어하는 과거 대영제국의 정신이 반영된 우주론이지. 나는 안정된 상태의 우주론을 믿지 않아. 그런데 새로운 이론을 주장한 케임브리지 대학의 이론 천문학 교수가 그걸 주제로 오페라를 하나 썼어. 다음주 코벤트 가든에서 초연을 한다는데, 모드와 함께 이 음악회에 가보는 게 어떻겠나? 아주 재미있을 거야."

탐킨스 씨와 노교수 부녀는 해변을 떠나 집으로 돌아왔다. 여느 해협의 해변과 마찬가지로 물이 차가워진데다 비까지 내렸기 때문이다.

탐킨스 씨는 하얀 목깃을 단 검은 사제복 차림의 남자를 보았다.

며칠 후 탐킨스 씨와 모드는 오페라 하우스의 붉은 벨벳 의자에 편안히 앉아 있었다. 그들은 어서 막이 오르기만을 기다렸다. 오페라의 서곡은 아주 빠르고 웅장하게 연주되었다. 마침내 막이 오르자 모두들 손으로 눈을 가리지 않을 수 없었다. 무대 조명이 너무 밝았던 것이다

무대의 강렬한 빛은 곧 오페라 홀 전체를 밝혔고 발코니뿐만 아니라 1층까지 눈부신 빛의 바다가 되었다. 강렬한 빛이 서서히 사라지자 탐킨스 씨는 어두워진 공간 속을 표류하는 듯한 느낌이 들었다. 아주 빠르게 회전하는 수많은 횃불이 무대를 비추고 있었다. 횃불은 야간 축제 때의 불 바퀴 같았다. 보이지 않는 오케스트라가 이제 오르간 음악을 연주하기 시작했다.

그때 탐킨스 씨는 하얀 목깃을 단 검은 사제복 차림의 남자를 보았다. 오페라 대본에 의하면 이 사람은 벨기에 출신의 조르주 르메트르 *Georges Lemaître*였다. 그는 흔히 빅뱅 이론이라고 부르는 우주 팽창 이론을 처음 제창한 사람이었다.

탐킨스 씨는 그가 부른 아리아의 첫 소절을 잊을 수가 없었다.

장엄하게 *Majestically*

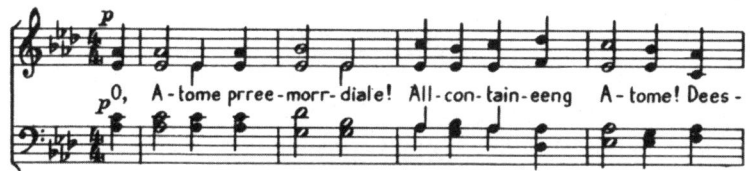

우주의 오페라

오, 태초의 원자여!

만물을 담은 원자여!

너무나 작게 산산이 흩어져

은하를 형성한

최초의 에너지여!

오, 방사성의 원자여!

오, 만물을 담은 원자여!

오, 만유 원자여―

주님의 작품이로다!

기나긴 우주 진화는

한줌 재와 연기로 화한

기적의 불꽃놀이를 말해주노라.

식어가는 태양을 마주보며

우리는 잿더미 위에 서 있느니,

그 시원의 장엄함을

기억하고자 하노라.

오, 만유 원자여—

주님의 작품이로다!

르메트르 신부가 아리아를 마치자, 키가 큰 친구가 나타났다. 오페라 각본에 의하면 조지 가모프라는 러시아 물리학자인데, 지난 30년 동안 미국에서 휴가를 보내고 있다는 사람이었다. 이 사람이 노래를 부르기 시작했다.

취한 듯 즐겁게 *Gaily and drunkenly*

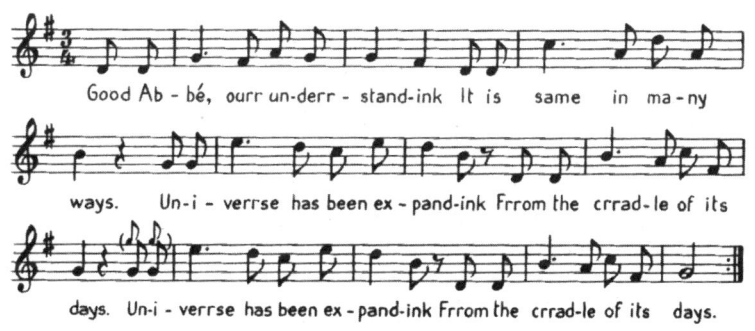

훌륭한 신부여, 우리의 생각은

여러 모로 같군요

우주는 팽창해 왔지요

요람의 나날부터.

우주는 팽창해 왔지요

요람의 나날부터.

우주의 운동이 가속된다 했나요?

내 생각은 달라요,

어떻게 그리 되었는가에 대해

우리 생각은 달라요.

어떻게 그리 되었는가에 대해

우리 생각은 달라요.

그것은 중성자 액체였다네-결코

그대가 말한 태초의 원자가 아니었다네.

그것은 무한하다네, 여전히

과거에도 무한했듯이.

그것은 무한하다네, 여전히

과거에도 무한했듯이.

가없는 하늘에서

가스가 붕괴되어

오래 전 (아마도 수십억 년 전)

더없이 조밀한 상태가 되었다네.

오래 전 (아마도 수십억 년 전)

더없이 조밀한 상태가 되었다네.

그때 우주 공간은 찬란히 빛났다네,

결정적인 그 순간에.

빛은 물질보다 앞선 것이었네,

운율이 각운보다 앞서듯.

빛은 물질보다 앞선 것이었네,

운율이 각운보다 앞서듯.

복사가 1톤이라면

물질은 1온스였으니,

이윽고 팽창의 충동을 못 이겨

저 위대한 태고의 도약을 했다네.

이윽고 팽창의 충동을 못 이겨

저 위대한 태고의 도약을 했다네.

그리하여 빛은 서서히 창백해졌네.

수억 년이 흐르고…

물질은 빛을 누르고
충분히 공급되기 시작했네.
물질이 빛을 누르고
충분히 공급되기 시작했네.

그리하여 물질은 압축되기 시작했네.
(진스의 가설처럼)
원은하라고 알려진
거대한 가스의 구름이 퍼져 나갔네.
원은하라고 알려진
거대한 가스의 구름이 퍼져 나갔네.

원은하는 흩어지며
어둠을 가르며 날아갔네.
별들이 되어 흩어졌네.
그리고 우주 공간은 빛으로 가득 찼네.
별들이 되어 흩어졌네.
그리고 우주 공간은 빛으로 가득 찼네.
은하는 줄곧 회전하고
별들은 최후의 불꽃까지 타오르리.
우리의 우주가 희박해지고
생명이 없어져 차갑고 어두워질 때까지.

우리의 우주가 희박해지고

생명이 없어져 차갑고 어두워질 때까지.

세 번째 아리아는 오페라 작곡가가 직접 불렀다. 작곡가는 밝게 빛나는 은하 사이의 빈 공간에서 불쑥 튀어나왔다. 그는 자기 주머니에서 새로 태어난 은하를 하나 꺼내더니 이렇게 노래했다.

장엄하게 *Majestically*

후렴 *Refrain*

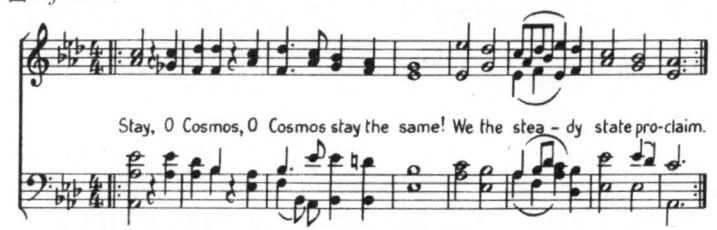

우주는, 맹세컨대

시간이 흘러 형성된 것이 아니었노라.

우주는 있고, 있었고, 영원히 있으리로다.

본디, 골드, 그리고 내가 그리 말하노니.

오, 우주여, 그대로 남아 있으라!

우리 안정 상태론자는 주장하노니!

나이든 은하는 흩어지고

불타버리고, 무대에서 퇴장할지라도

언제까지나 우주는

있고, 있었고, 영원히 있으리로다.

> 오, 우주여, 그대로 남아 있으라!
> 우리 안정 상태론자는 주장하노니!
>
> 지금도 새 은하는 응축된다네,
> 무에서 생긴다네, 전에도 그랬듯이.
> (르메트르와 가모브여, 화 내지 마시라!)
> 모든 것이 그러했고, 영원히 그러하리니.
> 오, 우주여, 그대로 남아 있으라!
> 우리 안정 상태론자는 주장하노니!

이런 고무적인 말에도 불구하고 우주의 모든 은하는 서서히 사라졌고, 마침내 벨벳 커튼이 내려왔고, 넓은 오페라 홀 안에 조명이 다시 켜졌다.

"오, 여보."

모드의 말소리가 탐킨스 씨에게 들려왔다.

"당신이 언제 어디서든 잘 존다는 건 알고 있어요. 하지만 코벤트 가든에서까지 졸기예요? 공연 내내 졸다니!"

탐킨스 씨가 공연 후 모드를 집에 데려다 주었을 때, 노교수는 새로 나온 〈월간 노티스〉지를 들고 안락의자에 앉아 있었다.

"그래, 공연은 어땠나?"

노교수가 물었다.

"아주 멋졌어요! 특히 영원히 존재하는 우주의 아리아가 감동적이었습니다. 마음이 푹 놓이더군요."

탐킨스 씨가 말했다.

"그 이론에 주의하게. 이런 속담을 알고 있나? '반짝인다고 해서 모두 금인 것은 아니다.' 나는 케임브리지 대학교수인 마틴 라일 *Martin Ryle*의 논문을 읽고 있던 중이었어. 이 학자는 대형 전파 망원경을 만들었지. 이 망원경은 팔로마 산에 있는 구경 5미터짜리 광학 망원경보다 몇 배나 더 먼 거리를 관측할 수 있다네. 라일의 관찰에 따르면, 아주 멀리 있는 은하는 우리 주위의 은하보다 훨씬 더 조밀하게 분포되어 있다는 거야."

"우리 주변의 은하는 밀도가 낮고, 우리에게서 멀어질수록 밀도가 높다는 얘기인가요?"

탐킨스 씨가 물었다.

"그런 게 아니야. 광속은 일정하기 때문에 먼 우주 공간을 바라본다는 것은 곧 먼 과거를 바라본다는 얘기지. 예를 들면 태양빛이 지구까지 오는 데에는 8분이 걸리기 때문에 지구의 천문학자는 그 빛을 8분 뒤에 관찰하는 셈이야. 지구에서 가장 가까이 있는 은하는 안드로메다 좌에 있는 소용돌이 모양의 은하인데, 자네도 아마 이 은하 사진을 본 적이 있을 거야. 이 은하는 지구에서 200만 광년 거리에 있지. 그렇다면 이 사진은 사실상 200만 년 전의 모습인 거야. 따라서 라일이 전파 망원경으로 본 것(아니 차라리 들은 것이라고 해야 옳은 것)도 수십억 광년 전에 존재했던 우주의 상황인 거야.

우주가 정말 안정된 상태에 있다면 그 사진의 모습은 시간이 흘러도 변하지 말아야 해. 은하가 멀리 있다고 해서 조밀하게 보이고, 가까이 있다고 해서 성기게 보이면 안 된단 말일세. 그런데 라일의 관측에 따르면, 아주 멀리 떨어진 은하가 더 조밀하게 분포되어 있었지. 바꿔 말하면, 수십억 년 전의 먼 과거에는 은하들이 우주 어디에서나 조밀하게 분포되어 있었다는 얘기야. 이것은 안정 상태 우주론을 정면으로 반박하는 것이지. 또 은하가 점점 흩어지고 있을 뿐만 아니라 밀도가 점점 낮아지고 있다는 주장을 뒷받침해 주는 것이기도 해. 물론 라일의 관측 결과가 재확인될 때까지 좀더 기다려 봐야겠지만."

노교수는 주머니에서 접힌 종이 한 장을 꺼내더니 계속해서 말했다. "이건 시를 좋아하는 내 동료가 최근 이 주제를 가지고 지은 시라네." 노교수가 낭송하기 시작했다.

라일이 호일에게 말했지.
"그대의 수년간의 노고는
헛된 것이었네, 정녕코
안정 상태 이론은
낡은 것이 되어버렸네.
내 눈이 나를 속인 게 아니라면,

내 망원경은
그대의 희망을 꺾어놓았네.

그대의 교리는 반박되고 말았네.

한마디로 말하면

우리 우주는

날마다 희박해지고 있다네!"

호일이 대답했지. "그것은 이미

라메트르와 가모프가 한 말.

그들 말을 믿지 말게!

그릇된 패거리들의

빅뱅 이론이라니-

그들을 부추기지 말게!

이보게, 친구,

우주는 끝도 없고

시작도 없었다네.

본디와 골드

그리고 나는 그렇게 주장하리.

백발이 성성할 때까지!"

2) 이 책의 초판이 발간되기 2주 전에 F. 호일이 쓴 다음과 같은 제목의 논문이 나왔다. 〈우주론의 현재 진전 사항〉-〈네이처〉지(1965년 10월 9일자 p.111.) 이 논문에서 호일은 이렇게 시인했다. "라일과 그의 동료들은 전파로 은하를 관측해왔다. 그 결과 우주가 현재보다 과거에 더 조밀했다는 것이 밝혀졌다." 그러나 저자는 '우주 오페라'의 아리아를 바꾸지 않기로 했다. 오페라는 일단 씌어지면 고전이 되기 때문이다. 사실 오늘날에도 데스데모나는 죽기 전에 아름다운 아리아를 부른다. 오래 전 오델로의 손에 교살되었는데도….

"아니라니까!" 답답하고
속 터진다는 듯이
라일이 외쳤지.
"머나먼 은하는
누구나 보다시피
더 밀집해 있다니까!"

"내 속을 뒤집는군!"
호일은 버럭버럭
제 주장을 되뇌었지.
"새로운 물질은
밤낮없이 태어난다니까!
우주의 모습은 바뀌지 않는다니까!"

"어쩌면 그리도 어리석은가!
내 그대가 아직도 밤낮없이
어리석음을 보여주리." (말장난으로)
라일이 거침없이 말했지.
"그래서 속이 뒤집어진대도
어서 정신 차리게 하리."[2]

"그거 재미있겠군요."
탐킨스 씨가 말했다.
"이 논쟁의 결과가 어떻게 될지 지켜보는 거 말예요."
그리고 그는 모드의 뺨에 입을 맞추고 작별인사를 했다.

양자 당구공

어느 날 퇴근하던 탐킨스 씨는 몹시 피곤했다. 요즘 고수익을 올리고 있는 은행 업무가 여간 고되지 않았던 것이다. 그는 술집 앞을 지나가다가 딱 한잔만 하기로 했다. 그러나 술이 술을 불러서 다소 얼큰해지기 시작했다. 술집 안쪽에 있는 당구대에서는 셔츠 차림의 남자들이 포켓볼을 치고 있었다. 그러고 보니 전에 이곳에 와본 기억이 어슴푸레 떠올랐다. 동료 은행원이 당구를 가르쳐 주겠다며 데려온 적이 있었다.

그는 당구대에 다가가서 게임을 지켜보기 시작했다. 그때 아주 이상한 일이 일어났다! 누군가 친 당구공이 '퍼지기 *spread out*' 시작했던 것이다. 탐킨스 씨는 공이 퍼진다고밖에 말할 수가 없었다. 공은 당구대의 초록 융단 위를 굴러가면서 점점 윤곽이 지워지더니, 하나의 공이 굴러가는 게 아니라 수많은 공이 서로 겹쳐서 굴러가는 것처럼 보였다. 탐킨스 씨는 전에 술에 잔뜩 취했을 때 물체가 두 개로 보인 적은 있었다. 그러나 이 날은 위스키가 아닌 맥주만 몇 잔 마셨기 때문에 크게 취한 것도 아니었는데 그랬다. 그는 왜 당구공이 그렇게 보이는지 이해할 수가 없었다.

'좋아, 그렇다면 저 죽같이 퍼진 공이 어떻게 다른 공을 때리는지 한번 살펴봐야지.'

큐를 들고 있는 사람은 고수인 게 분명했다. 그가 친 공이 겨냥한 공을 정면으로 맞추었다. 딱 하는 소리와 함께, 맞힌 공과 맞은 공(어느 게 어느 것인지 구분할 수 없었지만) 두 개가 '모든 방향으로' 힘차게 굴러갔다. 정말 이상했다. 이제는 두 공이 죽처럼만 보이는 게 아니었다. 무수한 공이 모두 흐릿한 죽 같은 모습으로, 처음 부딪친 곳에 180도 이내의 각도를 이루며 둥글게 원을 그리며 힘차게 구르고 있었다. 그건 마치 충돌 지점에서 특이한 파동이 퍼지는 것 같았다.

탐킨스 씨는 원래의 충돌 방향에서 공들의 흐르는 듯한 움직임이 최대치를 이룬다는 것을 알 수 있었다.

"이걸 S형 파동의 산란이라고 하지."

탐킨스 씨 뒤에서 귀에 익은 소리가 들려왔다. 노교수였다.

"이곳에도 뭔가 휘어진 게 있나요? 당구대는 아주 평평해 보이는데요."

탐킨스 씨가 말했다.

"그건 그래. 이 공간은 아주 평탄하지. 자네가 목격한 것은 양자역학적 현상이라네."

"아, 행렬 *matrix* 말이죠!"

하얀 당구공이 모든 방향으로 굴러갔다.

탐킨스 씨는 짐짓 아는 척했다.
"아니, 그보다는 운동의 불확정성이라는 거지. 이 당구대 주인은 '양자 비대증'에 걸렸다고나 할 물건을 이곳에 모아놓은 걸세. 사실 자연계의 모든 물체에는 양자 법칙이 적용되지. 하지만 이런 현상을 지배하는 양자상수라는 것은 아주 작다네. 그 상수를 수치로 표시하면 소수점 이하에 0이 27개나 있거든. 하지만 이 당구공의 경우는 양자상수가 코끼리처럼 거대해서 거의 1에 이르는 거야. 그래서 자네가 육안으로 이 현상을 목격할 수 있는 거지. 실세계에서는 과학자들이 아주 민감하고 세련된 관찰 방법을 사용해야만 간신히 볼 수 있는 현상이야. 이곳 주인이 어디서 이런 당구공을 얻었는지 정말 궁금해지는걸. 엄밀히 말하면 저런 공은 우리 세계에 존재할 수 없어. 우리 세계의 모든 물체는 양자상수가 아주 작으니까."

"다른 세계에서 수입해왔나 보죠."

탐킨스 씨 말에 노교수는 탐탁치 않다는 표정을 지었다.

"당구공이 '퍼지는' 것을 보았겠지?"

노교수가 계속 말했다.

"그건 당구공의 위치가 확정되어 있지 않다는 뜻이야. 이때 자네는 당구공의 위치를 정확히 지적할 수가 없어. 당구공은 '주로 이곳에' 있고 '더러는 다른 곳에' 있다고 말할 수 있을 뿐이지."

"아주 별나군요."

탐킨스 씨가 입을 우물거렸다.

"정반대야. 전적으로 정상이지. 모든 물체에 항상 일어나는 현상이니까. 양자상수가 너무 작고, 우리의 일상적인 관찰 방법은 너무 거칠기 때문에, 육안으로는 이런 불확정성을 볼 수 없을 뿐이야. 그래서 위치나 속도의 양이 항상 확정되어 있다는 잘못된 결론에 도달하지. 그런데 실제로는 위치나 속도가 늘 어느 정도까지는 불확정적이라네. 그래서 하나(속도)를 확정지으면 다른 하나(위치)가 불확실해지지. 이 두 가지 불확정성의 관계를 지배하는 것이 양자상수라는 거야. 자, 이걸 보게. 당구공을 삼각형 나무틀 안에 넣어보겠어. 공의 위치를 확정하기 위해서 말이야."

노교수가 공 하나를 삼각형의 틀 안에 넣자마자 삼각형 내부가 상아빛으로 가득 찼다.

"이것 좀 봐! 나는 공의 위치를 삼각형 내부로 한정시켰어. 몇 센티미터 범위 안에 말이야. 그렇게 위치를 한정시키니까 속도의 불확정성이 크게 늘어났어. 공이 저 틀 안에서 마구 움직이는 게 보이지?"

"멈추게 할 수는 없나요?"

탐킨스 씨가 물었다.

"물론이지. 그건 물리적으로 불가능해. 폐쇄된 공간에 들어 있는 모든 물체는 어떤 운동성을 지닌다네. 우리 물리학자는 그것을 영점운동 *zero-point motion*이라고 하지. 모든 원자의 내부에서 움직이는 전자의 운동이 바로 그런 거야."

탐킨스 씨가 지켜보는 동안 당구공은 마치 좁은 우리에 갇힌 호랑이처럼 좌충우돌했다. 그때 아주 이상한 일이 벌어졌다. 당구공이 삼각형 틀을 지나 '새어나가' 버린 것이다. 그러니까 삼각형의 벽을 뛰어넘은 게 아니라, 융단에 붙은 채로 벽을 통과한 것이다.

"저것 좀 봐요. '영점운동'이 달아났어요. 저것도 법칙에 따른 건가요?"

"물론이지. 저거야말로 양자론의 가장 흥미로운 결과야. 벽을 통과해서 달아날 수 있는 에너지를 가진 물체는 폐쇄된 공간에 한없이 가두어둘 수 없어. 조만간 그 물체는 '새어나가'서 달아나 버리지."

"그렇다면 다시는 동물원에 가지 않겠어요."

탐킨스 씨가 단호하게 말했다. 그는 우리에서 '새어나간' 호랑이와 사자가 자기를 와락 덮치는 섬뜩한 모습을 생생하게 떠올릴 수 있었다. 그러다가 다른 엉뚱한 상상이 들기 시작했다. 차고에 안전하게 넣어둔 승용차가 중세의 유령처럼 차고 벽을 통과하면 어떡하지?

"여쭤볼 게 있어요."

그가 말했다.

"이런 신기한 당구공이 아니라 보통의 쇠로 만든 승용차가 차고의 벽돌 벽을 새어나가는 데는 얼마나 걸릴까요? 그걸 알고 싶어요!"

노교수는 재빨리 암산을 해본 후 대답했다.

"한 1,000,000,000…000,000년 걸릴 걸세."

탐킨스 씨는 은행원답게 큰 숫자에 익숙하긴 했지만, 노교수가 말한 숫자는 0이 몇 개나 되는지 알 수가 없었다. 아무튼 그의 승용차가 차고에서 달아날지도 모른다는 걱정을 할 필요는 없었다.

"그건 그렇다 치구요, 그런 현상을 어떻게 관찰할 수 있었는지 모르겠군요. 이런 당구공이 없다면 말예요."

"아주 좋은 질문이야. 물론 우리가 평소에 만지작거리는 커다란 물체에서는 양자 현상을 관찰할 수가 없지. 그러나 원자나 전자 같은 아주 작은 물질이라면 양자 법칙의 효과를 잘 관찰할 수 있어. 이런 입자들의 경우, 양자 효과가 너무 커서 고전역학은 아무 소용이 없다네. 두 원자의 충돌은 자네가 방금 목격한 두 당구공의 충돌과 유사한 거야.

중세의 유령처럼

그리고 원자 속 전자의 움직임은 삼각형 틀 안에 있던 당구공의 '영점 운동'과 비슷하지."

"그럼, 원자들은 차고에서 자주 달아나겠네요?"

"그야 물론이지. 방사성 물질이라는 말을 들어봤겠지? 이 물질의 원자는 순간적으로 붕괴해서 아주 빠른 입자들을 방출해. 이런 원자, 아니 원자핵이라고 부르는 원자의 중심부는, 승용차(다른 여러 입자)가 들어 있는 차고와 아주 비슷한 상태야. 그 여러 입자가 원자핵의 벽을 새어나가 달아나지. 때로는 1초도 머무르지 않아. 원자핵 내부에서는 양자 현상이 일상인 거야!"

탐킨스 씨는 긴 얘기를 듣고 있다 보니 피곤해서, 주위를 멍하니 둘러보았다. 구석에 세워놓은 대형 괘종시계가 눈길을 끌었다. 구닥다리 시계의 기다란 추가 천천히 좌우로 움직이고 있었다.

"자네는 저 시계에 관심이 있나 보군. 저 시계도 아주 별난 거야. 비록 한물가긴 했지만. 저 시계에는 사람들이 한때 양자 현상에 대해 생각하던 사고방식이 잘 나타나 있어. 저 시계추(진동자)는 진폭이 유한한 단계까지만 증가할 수 있도록 배열된 것이지. 하지만 지금은 모든 시계업자들이 발명 특허품인 '퍼지는 추'를 사용하길 좋아한다네. 전자시계 말이야."

"아, 내가 이 모든 복잡한 이치를 이해할 수만 있다면!"

탐킨스 씨가 탄식했다.

"그러면 좋지."

노교수가 재빨리 말을 받았다.

"나는 양자론 강의를 하러 가는 길에 이 술집에 들렀던 걸세. 무심코 창문을 들여다보다가 자네를 보고 들어온 거야. 자, 강의 시간에 늦지 않으려면 지금 나서야겠어. 함께 갈 거지?"

"그럼요!"

평소처럼 대강당은 학생들로 가득했다. 탐킨스 씨는 계단에라도 걸터앉을 수 있다는 게 다행이라고 생각했다. 노교수는 강의를 시작했다.

신사 숙녀 여러분.

지난번 두 강의에서는, 모든 물리적 속도에 한계가 있다는 발견과, 직선 개념에 대한 분석 등을 통해, 우리가 고전적 시간과 공간 개념을 전적으로 재구성하게 되었다는 말씀을 드렸습니다.

그러나 물리적 기초에 대한 이런 획기적인 발전은 거기서 그치지 않았습니다. 더욱 놀라운 발견과 결론이 축적되어 왔던 것입니다. 이제 양자론이라는 과학의 한 갈래를 말씀드리고자 합니다. 이 이론은 시공간 자체의 특성보다는, 시공간 속에 있는 물체의 상호작용과 운동에 더 큰 관심을 두고 있습니다.

고전물리학에서는 두 물체 사이의 상호작용을 실험 조건상 요구되는 만큼 축소할 수 있고, 필요하면 언제든 상호작용을 없앨 수도 있다고 믿었습니다. 예를 들어, 온도를 측정해가며 열이 발생하는 작용을 연구한다고 합시다. 이때 온도계를 사용하면 이 온도계가 얼마간의 열을 빼앗아 가므로, 정상적인 작용 과정이 교란, 즉 흐트러질 것입니다. 그것을 염려한 실험자는 훨씬 더 작은 온도계, 즉 아주 작은 열전기쌍이라는 것을 사용합니다. 그러면 이 교란이 줄어들어 오차 범위 이내의 정확성을 확보할 수 있다고 확신했지요.

이처럼 어떠한 물리적 작용도, 원칙적으로, 관찰에 의한 교란 없이 필요한 만큼 정확하게 관찰을 할 수 있다는 것이 고전물리학의 확고한 믿음이었습니다. 그래서 아무도 이 명제를 철저히 밝혀보려고 하지 않았습니다. 그리고 이 모든 문제가 기술상의 문제에 지나지 않는다고 보았지요.

그러나 20세기 초부터 새로운 경험적 사실이 축적되기 시작했습니다. 그래서 물리학자들은 사정이 그렇게 간단하지 않다는 것을 알게 되었지요. 즉 자연계의 상호작용에는 결코 극복할 수 없는 어떤 하한이 있다는 것입니다. 이 하한은 우리가 일상생활에서 매일 겪는 작용들의 경우에는 무시해도 좋을 만큼 작습니다. 그러나 원자나 분자 같은 미시적 세계에서 발생하는 상호작용을 다룰 때에는 이 하한이 대단히 중요해집니다.

1900년에 독일의 물리학자 막스 플랑크 *Max Planck*는 물질과 복사 사이의 평형 조건을 이론적으로 연구하다가 아주 놀라운 결론에 이르렀습니다. 즉, 물질과 복사가 평형을 이루려면 다음과 같이 가정해야 한다는 것입니다.

물질과 복사 간의 상호작용은 우리가 가정해왔던 것처럼 연속적으로 발생하는 것이 아니라, 일련의 불연속적인 '충격'의 형태로 발생한다.

상호작용을 통해 일정량의 에너지는 물질에서 복사로, 혹은 복사에서 물질로 전이됩니다. 이때 필요한 평형을 얻기 위해, 그리고 실험적 사실과 일치하기 위해서는 간단한 수학적 비례 상수를 도입해야 했습니다. 즉 '충격' 시 전이되는 에너지양과, 에너지 전이로 이어지는 작용의 진동수(주기의 역수) 사이의 수학적 비례 관계가 필요했던 거지요.

이 비례 상수를 플랑크는 'h'라는 기호로 표기했습니다. 그리고 전이되는 에너지의 최소량, 곧 양자는 다음 수식으로 나타낼 수 있다고 보았습니다.

$$E = h\nu \qquad (1)$$

여기서 ν는 진동수를 나타냅니다. 상수 h의 수치는 $6.626 \times 10^{-34} J \cdot S$이며, 이것을 보통 플랑크 상수 혹은 양자상수라고 합니다. 양자상수의 수치가 이처럼 작기 때문에 양자 현상은 일상생활에서 목격되지 않지요.

플랑크의 아이디어는 몇 년 후 아인슈타인 덕분에 더욱 발전하게 되었는데, 아인슈타인은 다음과 같은 결론을 내렸습니다.

복사는 명확히 불연속적(이산적)인 양으로 방출될 뿐만 아니라, 항상 그런 방식으로 존재하며, 불연속적(이산적)인 '에너지 꾸러미*packages of energy*(광양자)'로 이루어져 있다.

광양자는 움직이고 있는 한 $h\nu$ 에너지 외에도 일정한 역학적 운동량을 갖게 됩니다. 상대론적 역학에 따르면 이 운동량은 광양자의 에너지 $h\nu$를 광속 c로 나눈 값에 해당합니다. 빛의 진동수 ν는 빛의 파장 λ(람다)와 $\nu = c / \lambda$라는 관계를 지니고 있습니다. 따라서 광양자의 역학적 운동량은 다음과 같이 나타낼 수 있습니다.

$$P = \frac{h\nu}{c} = \frac{h}{\lambda} \qquad (2)$$

움직이는 물체의 충격 때문에 생기는 역학적 운동은 위와 같은 운동량을 갖기 때문에, 파장이 짧을수록 광양자의 운동이 증가한다는 결론이 나옵니다.

광양자의 개념이 옳다는 것, 그리고 광양자가 에너지와 운동량을 갖고 있다는 것을 실험으로 가장 잘 입증해보인 사람은 미국 물리학자 아서 콤프턴 *Arthur Compton* 이었습니다. 콤프턴은 광양자와 전자의 충돌을 연구하다가 다음과 같은 결과를 얻었습니다. 즉, 외부 광선의 작용으로 움직이게 된 전자들은 위 수식으로 산출되는 에너지와 운동량을 가진 입자와 충돌한 것처럼 행동한다는 것입니다. 광양자 자체도 전자와 충돌한 후 일정한 변화(진동수의 변화)를 겪는 것으로 나타났는데, 이것 또한 광양자이론의 예측과 일치했습니다.

현재 우리는 복사와 물질의 상호작용에 관한 한, 복사의 양자적 성질은 의심할 나위 없이 정립된 실험적 사실이라고 말할 수 있습니다.

그 후 양자론이 더욱 발전하게 된 것은 덴마크 물리학자인 닐스 보어 *Niels Bohr* 덕분입니다. 보어는 1913년에 이렇게 주장했습니다.

모든 역학 시스템의 내부 운동은 불연속적인 에너지 값만을 가질 수 있으며, (각 전이 과정에서 한정된 양의 에너지가 복사되기 때문에) 그 운동 상태는 유한한 단계까지만 변할 수 있다.

역학 시스템의 상태를 한정하는 수학 법칙은 복사의 경우보다 더 복잡하기 때문에 여기서는 자세히 다루지 않겠습니다. 다만 광양자의 경우와 마찬가지로, 운동량은 빛의 파장에 따라 결정된다는 것을 말씀드리겠습니다. 그래서 역학 시스템에서 움직이는 모든 입자의 운동량은 그 입자가 활동하는 공간의 기하학적 크기와 관련이 있습니다. 그 운동량 P를 수식으로 나타내면 다음과 같습니다.

$$P_{입자} \cong \frac{h}{l} \qquad (3)$$

여기서 길이 l은 운동 영역의 길이를 나타냅니다. 양자상수가 극히 작은 값이기 때문에 양자 현상은 원자나 분자의 내부처럼 작은 영역에서 벌어지는 운동에만 의미를 갖게 됩니다. 이 양자 현상은 물질의 내부 구조를 밝히는 데 큰 도움이 되지요.

이처럼 작은 역학 시스템의 불연속적 상태를 입증하는 직접적인 증거를 찾아낸 것은 제임스 프랑크 *James Franck*와 구스타프 헤르츠 *Gustav Hertz*였습니다. 이들은 다양한 에너지를 가진 전자를 원자와 충돌시킴으로써 원자 상태에 결정적인 변화가 일어난다는 것을 알아냈습니다. 즉 원자와 충돌하는 전자의 에너지가 특정한 불연속적 값을 가질 때에만 비로소 원자 내부에 변화가 일어난다는 것이었습니다. 전자 에너지의 값이 특정 수준 이하일 때에는 아무런 변화도 없었습니다. 이것은 원자를 최초의 양자 상태에서 두 번째 양자 상태로 끌어

올릴 만큼 전자 에너지의 양이 충분치 못했기 때문이지요.

그리하여 양자론이 개발된 초기 단계가 마무리될 무렵에는 상황이 크게 달라졌습니다. 고전물리학의 기본 개념이나 원리를 수정한 정도가 아니라, 불가사의한 양자 조건이 고전물리학을 다소 인위적으로 제한하는 상황이 되었던 것입니다. 이 양자 조건은 고전적으로 가능한 갖가지 연속적인 운동에서 '허용된' 일부 불연속적인 운동만을 골라낸 것입니다. 그러나 고전역학의 법칙과 양자 조건들 사이의 상관관계를 더 깊이 살펴보면, 이 두 가지는 서로 통합될 수 없는 것임을 알 수 있습니다. 억지로 통합하려고 할 경우 거기에는 논리적 모순이 발생하게 됩니다. 바꾸어 말하면 양자 조건의 제한이 고전역학의 기본 개념을 전면적으로 부정하고 있다는 뜻입니다.

고전역학의 운동에 관한 기본 개념은 다음과 같습니다. 움직이는 모든 입자는 특정 순간에 특정 공간을 차지하며, 단위 시간당 위치 변화를 나타내는 특정 속도를 갖는다.

이러한 위치, 속도, 궤도에 대한 고전역학의 기본 개념은 일상생활 속에서 우리들의 주위에서 일어나는 현상을 관찰함으로써 형성된 것입니다(물론 다른 개념들도 마찬가지입니다). 그러나 우리의 경험이 미개척의 새로운 영역으로 확장됨에 따라, 이들 기본 개념은 시간과 공간 개념과 마찬가지로 대폭적인 수정이 불가피하게 되었습니다.

가령 내가 어떤 사람에게 이렇게 질문한다고 해봅시다.

"운동 중인 모든 입자가 특정 순간에 궤도상의 특정 위치를 차지한다고 생각하는 이유가 무엇인가?"

그러면 아마도 이렇게 대답하겠지요.

"운동을 관찰하니까 그렇게 보였다."

그러면 이 고전적인 궤도 개념을 구성하는 방식을 분석해서, 그것이 정말 명확한 결과를 보여주는지 알아봅시다. 그러기 위해 물리학자가 최고로 정교한 장치를 갖고 있다고 합시다. 그는 실험실 벽에서 튕겨 나온 작은 물체의 운동을 관찰합니다. 우선 그 물질이 어떻게 움직이는지 '보기' 위해 소형이지만 고성능인 경위의(수평과 수직 방향의 각을 재는 데 쓰는 측량기구—옮긴이주)를 사용합니다. 물론 움직이는 물체를 보려면 조명이 필요합니다. 그러나 이 물리학자는 빛이 물체에 압력을 가해 운동을 교란시킨다는 것을 알고 있으므로, 관찰을 하는 순간에만 잠깐 빛나는 섬광 조명을 이용하기로 했습니다.

첫 번째 실험에서는 궤도 중 열 군데만 관찰하기로 하고, 아주 약한 불빛을 선택해서, 열 번 연속으로 빛을 비출 때 전체 광압 효과 때문에 정해놓은 정확도를 잃는 일이 없도록 합니다. 그렇게 해서 물체가 낙하하는 동안 열 번 불빛을 비추어, 정해놓은 정확도를 유지하며 운동 궤도상의 열 군데를 알아냅니다.

이제 두 번째 실험에서는 100군데를 알아내려고 합니다. 100번 연속으로 빛을 비추면 물체의 운동이 크게 흐트러질 테니까, 조명의 세기는 10분의 1로 줄입니다. 세 번째 실험에서는 1,000군데를 알아내기로 하고 조명의 세기를 처음보다 100분의 1로 줄입니다.

이런 식으로 조명의 강도를 줄임으로써 그는 원하는 만큼 운동 궤도 상의 위치를 얻을 수 있습니다. 물론 당초에 정한 정확도를 유지하는 오차 범위 내에서 말입니다. 이것은 지극히 이상화된 절차지만 원칙적으로는 가능합니다. 이것은 '움직이는 물체를 바라봄'으로써 궤도 운동을 구성하는 아주 논리적인 방법인데, 고전물리학이 적용되는 일

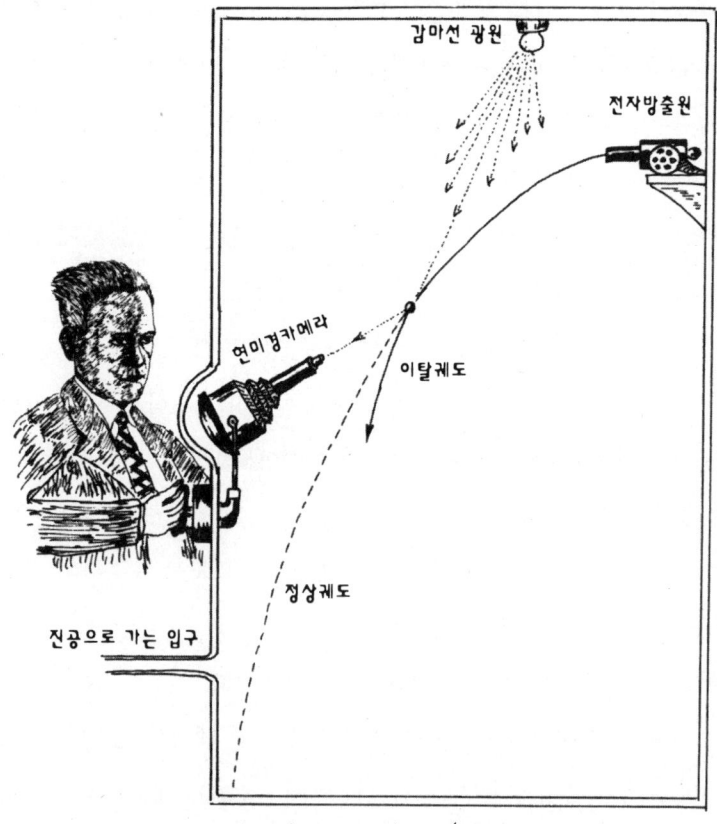

하이젠베르크의 감마선 현미경

상적 수준에서는 이 방법이 가능합니다.

그러나 양자 수준에서는 어떨까요? 모든 복사 운동은 광양자의 형태로만 전이될 수 있다는 사실을 고려하면 어떻게 되는지 살펴봅시다.

앞에서 우리의 실험자는 움직이는 물체를 비추는 빛의 양을 계속 줄였습니다. 그런데 양자 수준에서는 이것이 불가능합니다. 예를 들어 전자를 관찰한다고 합시다. 전자처럼 매우 작은 것을 보기 위해서는 짧은 파장의 빛을 사용해야 합니다. 그런데 빛의 파장이 짧을수록 광양자의 운동량이 커집니다. 따라서 이 광양자로 전자의 위치는 알아낼 수 있지만 전자의 운동이 크게 교란됩니다. 파장을 늘이면 광양자와의 충돌 효과가 그만큼 줄어든다는 것을 알고 있는 우리의 실험자는 긴 파장의 빛을 사용한다고 합시다. 하지만 이렇게 해도 난점이 있기는 마찬가지입니다.

긴 파장의 빛을 사용할 때 그 파장보다 더 작은 것은 관찰할 수 없습니다. 집을 칠할 때 쓰는 페인트 붓으로는 페르시아 세밀화를 그릴 수가 없습니다! 그래서 더 긴 파장의 빛을 사용할수록 위치를 파악하기가 더욱 어려워집니다. 빛의 파장이 길면 관찰 대상의 위치가 불확실하고, 파장이 짧으면 관찰 대상의 운동이 크게 흐트러집니다. 따라서 실험자는 이 둘 사이에서 타협할 수밖에 없는데, 그런다 해도 고전역학에서 말하는 수학적 선처럼 정확한 궤도를 얻지는 못합니다. 관찰 결과는 기껏해야 넓적하게 퍼진 띠 모양이 되는데, 이것은 고전역학에서 말하는 수학적인 선 궤도와 전혀 다릅니다.

이 실험자는 광학적인 방법을 사용했는데, 우리는 역학적인 방법으로 다시 한 번 실험해볼 수 있습니다. 이 경우, 실험자는 우선 자그마한 역학적 장치, 가령 스프링에 매달린 작은 종들을 이용할 수 있습니다. 이 작은 종들은 스쳐 지나가는 물체의 움직임을 알려주는 장치입니다. 실험자는 움직이는 물체가 지나가는 공간 주위에 이런 종들을 무수히 매달아놓고, '종들의 울림'으로 물체의 운동 궤도를 알아내려고 합니다. 고전물리학은 이런 종들을 필요한 만큼 얼마든지 작게 또

스프링에 매달린 작은 종들

얼마든지 민감하게 만들 수 있다는 것을 암암리에 가정하고 있습니다. 지극히 미세한 크기의 종이 무수히 필요하긴 하지만, 고전물리학은 이런 것을 문제 삼지 않습니다.

하지만 양자 수준에서는 이런 방법도 쓸모가 없습니다. 만약 종이 너무 작다면, 앞의 수식 (3)으로 알 수 있듯이 움직이는 물체로부터 종이 받는 운동량이 너무 커서, 종 하나에 부딪쳤다 해도 주위에 있는 종들을 건드리게 돼 운동이 크게 교란될 것입니다. 만약 종이 크다면 위치의 불확실성이 커지게 될 것입니다. 그리하여 최종 궤도는 전과 마찬가지로 퍼진 띠 모양이 될 것입니다!

운동 궤도를 관찰하려고 하는 실험자에 대한 이런 얘기가 여러분에게는 너무 전문적으로 들릴지 모르겠군요. 실험자가 그런 방법으로는 정확한 궤도를 알아낼 수 없을지 몰라도, 여러분은 좀더 정교한 다른 방법을 사용하면 바라는 결과를 얻게 될 거라고 생각하실지 모릅니다. 하지만 앞서의 얘기는 특정 실험의 문제를 지적한 것이 아니라, 가장 일반적인 물리학적 측정의 문제를 지적한 것입니다.

우리 세계에 존재하는 어떤 운동이 복사장 *radiative field*에 속하거나 순수 역학계에 속하는 한, 그 운동을 측정하는 정교한 방법은 결국 위에서 설명한 두 유형의 실험 방법으로 모아지며, 궁극적으로 같은 결과를 얻게 될 것입니다. 따라서 아무리 이상적인 '측정 장치'를 사용한다 하더라도, 양자 법칙이 통하는 세계에서는 정확한 위치와 함께 정확한 궤도를 동시에 얻을 수는 없다는 결론에 이릅니다.

이제 다시 우리의 실험자 얘기로 돌아가서, 양자 조건에서 비롯하는 관찰의 한계를 수식으로 나타내 봅시다. 우리는 두 실험 방법에 항상 모순이 있다는 것을 살펴보았습니다. 움직이는 물체의 위치를 알려면 운동을 교란시켜야 하고, 운동을 흐트러트리지 않으려면 위치를 알 수가 없습니다. 광학적인 방법의 경우, 광양자와 충돌한 운동 입자의 운동량이 불확실해집니다. 운동량 보존 법칙 때문이지요. 그런데 이 불확실한 운동량은 관찰하기 위해 사용한 광양자의 운동량과 같습니다. 따라서 수식 (2)를 써서 입자 운동량을 표시하면 다음과 같습니다.

$$\Delta p_{입자} \cong \frac{h}{\lambda} \qquad (4)$$

입자 위치의 불확실성은 파장($\Delta q \cong \lambda$)에 의해 주어진다는 것을 생각하면 다음과 같이 추론할 수 있습니다.

$$\Delta p_{입자} \times \Delta q_{입자} \cong h \qquad (5)$$

역학적 방법의 경우, 움직이는 입자의 운동량은 '종'이 갖는 운동량만큼 불확실해집니다. 위치의 불확실성이 종의 크기($\Delta q \cong \lambda$)에 의해서 주어진다는 점을 생각해서 수식 (3)을 사용하면 우리는 광학적 방법의 경우와 같은 동일한 수식에 이른다는 것을 알 수 있습니다. 위의 수식 (5)는 독일의 물리학자 베르너 하이젠베르크 *Werner Heisenberg*가 처음으로 주장한 것으로서 양자론적 관계를 말해주는 법칙입니다. 불확정성 원리의 핵심인 이것은 다음과 같이 요약됩니다.

위치를 확정지으려고 하면 할수록 그만큼 운동량이 불확정해지고

그 반대의 경우도 마찬가지다.

운동량은 운동하는 입자의 질량에 속도를 곱한 값이므로, 이 수식은 다음과 같이 나타낼 수 있습니다.

$$\Delta v_{입자} \times \Delta q_{입자} \cong \frac{h}{m}_{입자} \qquad (6)$$

우리가 일상생활에서 다루는 물체에 비해 이 값은 너무나 작습니다. 0.000,000,1g의 질량을 가진 가벼운 먼지 입자의 경우, 0.000,000,01%의 정확도까지 위치와 속도를 측정할 수 있습니다! 그러나 전자(질량 g)의 경우, Δv 과 Δq 의 곱은 1 정도의 값이 됩니다. 원자 속 전자의 속도는 $\pm 10^8$cm/sec 이내가 되어야 하며, 그렇지 않을 경우 전자는 원자로부터 탈출하게 됩니다. 따라서 위치의 불확정성은 10^{-8}cm가 되며 이것이 곧 원자의 전체 크기가 됩니다. 원자 속 전자 '궤도'는 이런 정도로 퍼져 있기 때문에 궤도의 '두께'는 원자의 '반경'과 맞먹게 됩니다. 따라서 **전자는 원자핵 주변 전체에 동시에 존재하는 것처럼 보입니다.**

지금까지 20여 분 동안 강의를 해오면서 나는 고전물리학의 기본 개념을 가혹하게 비판했습니다. 우아하고 단정하게 정의된 고전물리학의 개념은 산산조각이 나서 형체 없는 죽이 되고 말았습니다. 당연히 여러분은 이렇게 질문하고 싶겠지요.

"이런 불확정성의 대양에서 물리학자들은 대체 어떻게 물리적 현상을 설명하려는 거지?"

대답은 이렇습니다. 우리는 지금껏 고전물리학의 개념을 파괴해 왔지만, 새롭고 정확한 물리학적 개념은 아직 정립하지 못했습니다.

이제 한발 더 나아가 봅시다. 입자들이 퍼지기 때문에 수학적인 점과 선으로 물체의 위치를 확정짓는 일은 이제 불가능하게 되었습니다. 따라서 공간의 서로 다른 지점에 있는 '죽의 밀도'를 묘사하는 방법을 사용해야 합니다. 이것은 수학적으로 연속 함수(유체 역학에 사용되는 것과 같은 함수)를 사용해야 한다는 의미입니다. 물리학적으로는 다음과 같은 이상한 표현에 익숙해져야 할 것입니다.

"이 물체는 주로 여기에 있지만, 부분적으로는 저기 혹은 저 너머에 있다."

예컨대 "이 동전 하나의 75%는 내 주머니에, 나머지 25%는 당신 주머니에 있다."

이런 표현이 여러분에게는 터무니없게 여겨질 것입니다. 그러나 안심하세요. 양자상수의 값이 아주 작기 때문에 일상생활에서 이런 상황을 만나는 일은 없을 테니까요. 그러나 여러분 가운데 원자물리학을 전공하고 싶은 분이 있다면 이런 표현에 일찍부터 익숙해지는 것이 좋을 것입니다.

여기서 한 가지 주의를 드리고 싶습니다. 그것은 '존재의 밀도'를 기술하는 함수 자체가 일상생활의 3차원 공간에 존재하는 물리적 실체라고 생각하지는 말라는 것입니다. 예를 들어 두 입자의 움직임을 기술하기 위해서는, 두 입자가 서로 다른 공간에 동시에 존재하느냐라는 질문에 답해야 합니다. 그러기 위해 우리는 변수(두 입자의 좌표)가 여섯 개인 함수를 사용해야 하는데, 이런 함수는 3차원 공간에 표현할 수 없습니다. 이보다 더 복잡한 시스템의 경우에는 더 많은 변수를 가진 함수를 사용해야 합니다.

이런 의미에서, '양자역학적 함수'는 고전역학적 입자 시스템의 '퍼텐셜 함수' 또는 통계역학 시스템의 '엔트로피'와 아주 비슷합니다. 양자역학적 함수는 운동을 기술할 뿐이며, 특정 조건에서 특정 입자의 운동 결과를 예측할 수 있게 도와줍니다. 그러므로 이런 식으로 서술되는 입자의 운동 자체는 물리적 실체로 간주되어야 합니다.

입자들이 서로 다른 위치에 있음을 기술하는 함수는 약간의 수학적 표기를 필요로 합니다. 이 표기를 처음으로 만들어낸 사람은 오스트리아의 물리학자인 에르빈 슈뢰딩거 *Erwin Schrödinger* 였습니다. 그는 'Ψ(프시)'라는 기호를 썼는데, Ψ는 물질파를 나타내는 기호로서 파동함수라고 부릅니다.

여기서 이 방정식의 수학적 증명을 들먹이지는 않겠습니다. 하지만 이 방정식이 만들어진 조건만큼은 알아두시기 바랍니다. 그 조건 가운데 가장 중요한 조건은 아주 특이합니다.

양자론적 방정식은 입자의 운동을 서술하되, 파동이 갖는 모든 성질을 갖추어야 한다.

입자의 운동을 기술할 때 파동성을 부여해야 한다고 처음 주장한 사람은 프랑스 물리학자 루이 드 브로이 *Louis De Broglie* 였습니다. 그는 원자 구조를 이론적으로 연구하다가 이런 생각을 하게 되었지요. 그 뒤 여러 해에 걸쳐 입자 운동의 파동성은 많은 실험으로 확고히 정립되었습니다. 전자빔이 조그마한 틈새로 빠져나가는 **회절 현상**이나, 분자처럼 비교적 크고 복잡한 입자에서 발생하는 **간섭 현상** 등이 밝혀졌던 것입니다.

이 파동성은 고전물리학의 운동 개념에서 보면 결코 이해할 수 없는 것이었습니다. 그래서 이것을 처음 발견한 드 브로이도 다소 엉성한 견해를 갖고 있었지요. 즉 입자는 자신의 운동 상태를 '좌우하는' 파동을 '동반' 한다고 말입니다.

그러나 고전적인 개념이 파괴되고 연속 함수로 운동을 기술해야 한다는 점이 널리 인식되자, 파동성의 전제 조건은 한결 쉽게 이해되었습니다. 이것은 이렇게 이해하면 좋을 것 같습니다. 파동 함수 Ψ 는 한쪽 면에서만 가열되어 벽을 통과해 나가는 열 같은 것이 아니라, 역학적 변형(소리) 같은 것이라고 말입니다. 우리가 찾고자 하는 방정식은 수학적으로 다소 제한된 형태를 띠게 됩니다. 입자 운동의 파동성이라는 기본 조건 말고도, 양자 효과가 무시되는 커다란 물질에 적용되는 고전역학의 방정식도 함께 고려해야 하는데, 이 두 조건만 잘 생각한다면 해당 방정식을 찾는 문제는 순전히 수학적인 과제에 지나지 않습니다.

이 방정식의 최종 형태에 관심을 갖고 있는 분을 위해서 제시해 보겠습니다.

$$\nabla^2 \Psi + \frac{4\pi mi}{h}\Psi - \frac{8\pi^2 m}{h}U\Psi = 0 \qquad (7)$$

이 방정식에서 함수 U는 질량 m을 가진 입자에 미치는 힘의 퍼텐셜을 나타냅니다. 이 방정식은 특정한 힘의 분포에 따른 운동의 문제를 훌륭하게 해결해 줍니다. 1926년 1월에 탄생한 슈뢰딩거 파동 방정식은 물리학자들에게 큰 도움이 되었습니다. 이로써 물리학자들은 원자 세계에서 발생하는 모든 현상을 논리적으로 완벽하고 일관되게 파악할 수 있었습니다.

지금껏 양자론에서 즐겨 사용되는 '행렬 *matrix*' 이라는 단어를 사용하지 않았는데, 여러분 가운데 그것을 궁금하게 여기는 분도 있을 것입니다. 나는 개인적으로 이 행렬이라는 것을 싫어하기 때문에 가능한 한 사용하지 않으려고 합니다. 그러나 여러분은 양자론의 수학적 장치인 이 개념을 모르면 안 되므로, 이 개념에 대해 간단히 한두 마디 하고자 합니다.

입자나 복잡한 역학계의 움직임은 연속 파동 함수로 기술됩니다. 이 함수는 때때로 꽤 복잡한 모습을 띠는데, 이것은 다수의 간단한 진동으로 구성된 소위 '고유 함수' 라는 것으로 나타낼 수 있습니다. 말하자면 복잡한 소리가 다수의 간단한 화음으로 이루어진 것과 유사합니다. 모든 복잡한 운동은 각 성분에 고유의 진폭을 나눠 줌으로써 서술될 수 있습니다. 기본 성분(음)의 개수는 무한히 많기 때문에 우리는 그 무한한 진폭의 테이블을 다음과 같은 형태로 나타낼 수 있습니다.

$$\begin{matrix} q_{11} & q_{12} & q_{13} & \cdots \\ q_{21} & q_{22} & q_{23} & \cdots \\ q_{31} & q_{32} & q_{33} & \cdots \\ \cdots & \cdots & \cdots & \end{matrix} \quad (8)$$

비교적 간단한 연산 법칙을 따르는 이런 테이블이 소위 특정 운동의 '행렬'이라는 것입니다. 일부 이론물리학자들은 파동 함수 자체보다 이런 행렬을 가지고 작업하는 것을 더 좋아합니다. 소위 '행렬 역학'이라는 것은 '파동 역학'의 수학적 변형일 뿐이지요. 이 강의는 원리 문제를 다루기 위한 것이니 행렬에 관한 이야기는 이 정도에서 그치도록 하겠습니다.

시간이 없어서 상대성이론과 관련된 양자론의 최근 발전 사항을 말씀드리지 못하는 것이 유감입니다. 이러한 발전은 주로 영국 물리학자인 폴 디랙 *Paul A. M. Dirac*의 연구 덕분입니다. 디랙은 아주 흥미로운 주장을 여러 개 내놓았을 뿐만 아니라 아주 중요한 실험적 발견을 하기도 했습니다. 나중에 시간이 있으면 이 문제를 좀더 다루기로 하고, 오늘은 여기서 마치겠습니다. 이 강연으로 물리학에 대한 이해가 더욱 깊어졌기를 바라며, 여러분에게 더욱 알고 싶은 흥미를 불러 일으켰다면 더 바랄 게 없겠습니다.

이튿날 아침 탐킨스 씨는 인기척을 느끼고 잠을 깼다. 일어나 보니, 노교수가 안락의자에 앉아 무릎 위에 지도를 펼쳐놓고 들여다보고 있었다.

"자네도 함께 갈 텐가?"

노교수가 고개를 들고 물었다.

"어딜 말입니까?"

탐킨스 씨가 물었다. 그는 노교수가 어떻게 자기 방에 들어왔는지 아직도 어리둥절했다.

"양자 정글에. 거기 사는 코끼리와 여러 동물을 보러 말이야. 지난번에 본 양자 당구공의 출처를 알아냈거든. 그 술집 주인이 당구공을 만든 상아를 어디서 구했는지 비밀을 털어놓았지. 이 지도에 붉은 색 연필로 표시해둔 곳이 보이지? 이 지역은 양자상수가 대단히 커서 그 안에 있는 모든 사물이 양자 법칙의 적용을 받는다네. 원주민들은 이곳에 마귀가 우글거린다고 믿고 있지. 그래서 이곳에서는 안내인을 구하기도 쉽지 않을 거야. 아무튼 함께 가겠다면 서두르게. 한 시간 안에 배가 출발하니까. 가는 길에 우리는 리처드 경을 만나 동행하게 될 거야."

"리처드 경이 누군데요?"

"아니, 리처드 경을 몰라? 아주 유명한 호랑이 사냥꾼이야. 재미있는 사냥감이 있다니까 두말없이 함께 가겠다는 거야."

그들은 시간에 맞춰 부둣가에 도착했다. 사람들이 리처드 경의 엽총과 특수 실탄이 든 상자를 배에 싣고 있었다. 실탄은 노교수가 양자 정글 근처의 광산에서 얻은 납으로 만든 것이었다. 탐킨스 씨가 선실에서 짐을 정리하는 동안 배가 출항했는지 꾸준히 선체가 흔들렸다. 바다 여행은 특별한 것이 없었다. 어느새 배는 멋진 동양의 도시에 닿았다. 신비한 양자 정글에서 가장 가까운 도시였다.

"자, 이제 내륙으로 여행을 하려면 코끼리를 한 마리 사야 해."

노교수가 말했다.

"원주민들은 우리와 함께 가지 않으려고 할 테니까, 우리가 직접 코끼리를 몰고 가야겠어. 아무래도 코끼리를 모는 일은 자네가 맡아야 할 것 같군. 나는 과학적인 관찰을 해야 하고, 리처드 경은 사냥을 해야 할 테니까."

도시 외곽에 있는 코끼리 시장에서 거대한 코끼리들을 보자 탐킨스 씨는 주눅이 들었다. 그가 몰기에는 코끼리가 너무 컸던 것이다. 코끼리를 잘 아는 리처드 경이 한 마리 골라서 주인에게 값을 물었다.

"흐릅 한웩코 호봇 흠. 하고리 호, 하라함 오 호호호히."

원주민이 하얀 이빨을 반짝이며 말했다.

"아주 비싼 값을 부르는군요. 이건 양자 정글에서 구한 코끼리라서 훨씬 더 비싸다는 거예요."

리처드 경이 통역을 했다.

"이걸 살까요?"

"아무렴, 사야지."

노교수가 대답했다.

"배를 타고 오면서 들어보니, 가끔 원주민이 양자 정글의 코끼리를 잡는다더군. 양자 정글의 코끼리는 다른 코끼리보다 훨씬 더 좋다는 거야. 우리에게는 아주 잘된 일이지. 저 코끼리가 정글 지역을 잘 알 테니까."

탐킨스 씨는 코끼리를 이리저리 살펴보았다. 우람하고 아름다웠다. 그러나 동물원에서 본 코끼리와 달라 보이지는 않았다. 그는 노교수를 돌아보며 말했다.

"양자 코끼리라고는 하지만 보통 코끼리와 똑같아 보이는데요? 양자 코끼리의 상아로 만든 당구공처럼 기묘한 동작을 보이지도 않잖아요. 이 코끼리는 왜 모든 방향으로 퍼지지 않는 거죠?"

"자네는 아직도 이해를 못 하는군 그래."

노교수가 말했다.

"그건 코끼리의 덩치가 크기 때문이야. 전에 자네에게 말했잖아. 위치와 속도의 불확정성은 질량에 좌우된다고 말이야. 물질이 크면 클수록 불확정성은 줄어드는 거야. 그래서 일상생활에서는 양자 법칙이 관측되지 않는 거지. 심지어 먼지 입자의 경우에도 말이야. 하지만 그보다 10억 배의 10억 배 이상 가벼운 전자의 경우에는 양자 법칙이 아주 중요해. 물론 양자 정글에서는 양자상수가 대단히 크지만, 그래도 코끼리 같은 커다란 동물의 행동에 영향을 미칠 정도는 아니야. 양자 코끼리의 위치의 불확정성은 몸뚱이 윤곽을 아주 자세히 들여다보아야만 겨우 알 수 있어. 저길 봐. 저 코끼리의 피부 표면이 솜털처럼 약간 흐릿해 보이지? 나이를 더 먹으면 더 흐릿해질 거야. 양자 정글의 아주 늙은 코끼리는 모피 같은 피부를 갖고 있다는 원주민의 전설도 그래서 생긴 거지. 하지만 코끼리보다 작은 동물들은 뚜렷한 양자 효과를 보여줄 거야."

'이번 탐험에서 말을 타지 않는 게 천만다행이군.'

탐킨스 씨가 속으로 중얼거렸다.

'말을 타고 간다면 내 다리 사이에 말이 있는지 없는지도 모를 거 아냐.'

엽총을 든 리처드 경과 노교수는 코끼리 등에 고정해놓은 바구니에 올라갔다. 뜻밖에 코끼리를 몰게 된 탐킨스 씨는 한 손에 채찍을 들고 코끼리 목 위에 자리를 잡았다. 이윽고 그들은 신비한 양자 정글을 향해 출발했다.

도시 사람들은 정글까지 도착하는 데 한 시간쯤 걸린다고 말했다.

탐킨스 씨는 코끼리의 양쪽 귀 사이에서 힘겹게 균형을 잡으며, 이 기회에 양자 현상에 대해 더 배워두기로 마음먹었다.

"여쭤볼 게 있는데요."

그가 노교수를 돌아보며 말했다.

"왜 질량이 작은 물질은 그처럼 이상한 행동을 하나요? 그리고 교수님이 늘 말씀하신 양자상수라는 게 대체 무슨 뜻이죠?"

"그건 간단해. 양자 세계에서 물체가 이상한 모습을 보이는 것은 자네가 그걸 바라보기 때문이야."

"아니, 그것들이 수줍음을 타나요?"

탐킨스 씨가 웃으며 말했다.

"수줍음이라는 말은 어울리지 않아."

노교수가 쌀쌀맞게 말했다.

"요점은 이렇다네. 자네가 어떤 움직임을 관찰하면 그 관찰 행위가 움직임을 교란한다는 거야. 자네가 물체의 운동에 대해 뭔가를 알게 되었다는 것은, 그 물체가 자네의 감각이나 관찰 도구에 어떤 작용을 했다는 의미지. 작용과 반작용은 크기가 같기 때문에, 자네의 관찰 도구 역시 물체에 어떤 작용을 한 셈이야. 바꾸어 말하면 그 물체의 운동을 '교란' 시킨 거지. 그래서 물체의 위치와 속도에 불확정성이 생기게 되는 거야."

"그러니까, 지난번에 내가 손가락으로 당구공을 건드렸다면야 분명 그 움직임을 교란했겠지요. 하지만 나는 그저 보기만 했어요. 그래도 교란된다는 거예요?"

"물론이지. 어둠 속에서는 공을 볼 수 없으니까, 공을 보려면 불을 켜야 해. 그러면 공이 빛을 반사해서 우리가 그 공을 보게 되는데, 그렇게 공이 보이도록 하는 것 자체가 공에 영향을 미치는 거지. 우리는 그것을 광압이라고 해. 이 광압이 운동을 '교란' 하는 거야."

"하지만 아주 정교한 소형 기구를 사용하면 어떻게 될까요? 움직이는 물체에 미치는 영향이 아주 작아서 무시해도 좋을 정도의 그런 기구를 쓰면 괜찮지 않나요?"

"고전물리학에서는 그렇게 생각했지. 그러나 1900년에 양자 개념이 탄생하자 얘기가 달라졌어. 어떤 물체든 일정 한도 아래에서는 상호작용을 하지 않는다는 것이 밝혀졌는데, 이 한도를 가리켜 양자상수라 하고 'h'라는 기호로 나타낸다네. 일상세계에서 보면 양자상수는 너무 작아. 숫자로 표시하면 소수점 아래로 0이 27개나 붙지. 그래서 이 양자상수는 전자 같은 아주 가벼운 입자의 경우에만 중요한 개념이야. 전자는 아주 작은 물질이기 때문에 아주 작은 작용에도 민감하게 반응하거든. 우리가 지금 찾아가는 양자 정글에서는 양자상수가 대단히 크다네. 이 정글은 부드러운 작용이 불가능한 아주 살벌한 세계야. 이 정글에서 어떤 사람이 고양이 등을 쓰다듬으려 한다면, 그 사람은 아무것도 느끼지 못하거나, 뭘 느꼈다면 그 순간 고양이를 쓰다듬은 최초의 양자가 고양이 목뼈를 부러뜨리고 말 거야."

"알겠어요."

탐킨스 씨가 생각에 잠긴 얼굴로 대답했다.

"그런데 말이죠, 아무도 보는 사람이 없을 때에도 물체는 고유의 운동을 하고 있지 않나요? 우리가 상식적으로 알고 있는 그런 운동 말예요."

"아무도 보지 않는다면 그 물체가 어떻게 움직이는지 알 수 없지. 그러니 자네의 질문은 아무런 물리학적 의미도 없어."

"그래요, 그건 분명 철학적인 문제예요!"

"자네 좋을 대로 생각하게."

노교수는 철학적인 것을 언짢아했다.

"자네에게 현대물리학의 기본 원칙을 하나 가르쳐주지. **알 수 없는 것에 대해서는 말하지 말라.** 모든 현대물리학 이론은 이 원칙에 바탕을 두고 있다네. 그러나 철학자들은 대개 이 원칙을 간과하지. 예를 들어 독일의 유명한 철학자 칸트는 우리에게 드러나 보이는 사물의 성질이 아니라 사물 자체의 성질을 파악하기 위해 허다한 시간을 보냈어. 하지만 현대 물리학자에게는 관찰 가능한 것만 의미가 있다네. 현대물리학은 이런 관찰 가능한 것들의 상호관계에 바탕을 두고 있지. 그러니까 관찰할 수 없는 것은 공허한 공상 거리에 불과해. 물론 이런 것들을 얼마든지 머리 속에서 만들어낼 수는 있겠지만, 그 존재를 증명하거나 그런 것들을 이용할 가능성은 전혀 없는 거지. 그러니까 말하자면…."

바로 그 순간 괴성이 울려 퍼졌다. 그들이 탄 코끼리가 화들짝 놀라는 바람에 탐킨스 씨는 코끼리 등에서 떨어질 뻔했다. 곧이어 호랑이

떼가 사방에서 동시에 코끼리를 공격해왔다. 리처드 경은 엽총을 쥐고 호랑이를 겨누었다. 그는 가장 가까이 있는 호랑이의 두 눈썹 사이를 쏘았다. 탐킨스 씨는 리처드 경이 표적을 명중시키고 환호하는 소리를 들었다. 그러나 분명 호랑이의 미간을 명중시켰는데도 호랑이는 전혀 상처를 입지 않았다.

"더 쏴!"

노교수가 외쳤다.

"정확히 맞추려고 하지 말고 사방을 향해 마구 쏴! 호랑이는 한 마리뿐인데, 주위에 퍼져 있는 거야. 저 호랑이를 잡으려면 해밀터니언 *Hamiltonian*을 높이는 수밖에 없어."

노교수도 엽총을 들고 총알 세례를 퍼부었다. 총소리가 양자 호랑이의 포효와 뒤섞였다. 그 사이 탐킨스 씨에게는 영원한 시간이 흐른 것 같았다. 무수한 총알 가운데 하나가 '명중'했고, 놀랍게도 호랑이 떼는 한 마리의 호랑이가 되었다. 그 호랑이는 공중에 반원을 그리더니 멀리 야자수 숲에 나동그라졌다.

"해밀터니언이 누구죠?"

주위가 잠잠해지자 탐킨스 씨가 물었다.

"아주 유명한 사냥꾼이어서, 무덤에서 불러내려고 외친 말인가요?"

탐킨스 씨는 해밀터니언을 '높인다(*raise*)'는 말을 '영혼을 소생시켜 불러낸다'는 뜻으로 알아들었다.

"아! 미안하네. 내가 흥분해서 과학 용어를 쓰고 말았어. 자네가 그

용어를 알 턱이 없지. 해밀터니언은 두 물체 사이의 양자 상호작용을 기술하는 수학적 표현이야. 이 수학적 형태를 처음 사용한 아일랜드 수학자 해밀턴 *Hamilton*의 이름을 딴 말이지. 그러니까 양자 실탄을 더 많이 사용함으로써 실탄과 호랑이 사이의 상호작용 가능성을 높여야 한다는 뜻으로 한 말이야.

양자 세계에서는 정확하게 조준할 수도 없고, 명중을 확신할 수도 없어. 실탄도 퍼지고 목표물도 퍼지기 때문에, 명중의 가능성만 있고 확실성은 없는 거야. 우리는 양자 호랑이를 맞추기 위해 30발이나 쏘아야 했어. 우리의 일상세계에서도 이런 일이 벌어지고 있지만 규모가 훨씬 더 작지. 이미 말한 것처럼 우리 세계에서는 전자처럼 작은 입자를 관찰할 때나 이런 현상을 볼 수 있지.

원자가 비교적 무거운 원자핵과 그 주위를 도는 전자로 이루어져 있다는 건 자네도 알고 있겠지? 처음에는 이 전자가 태양 주위를 돌고 있는 행성처럼 움직인다고 생각했어. 그러나 좀더 깊이 분석해 보니까 전통적인 운동 개념으로는 원자 같은 극소 시스템을 묘사할 수가 없었어. 원자 내부에서 중요한 역할을 하는 작용은 양자상수의 크기를 무시할 수 없기 때문에, 그걸 그리면 넓게 퍼진 그림이 되는 거야. 원자핵 주위를 돌고 있는 전자의 움직임은 우리 주위를 맴돌았던 호랑이의 움직임과 같다고 할 수 있지."

"그럼 우리가 호랑이를 맞힌 것처럼 전자를 맞힐 수 있나요?"

탐킨스 씨가 물었다.

흐릿하게 보이는 호랑이 떼가 코끼리를 공격하고 있다

"물론이지. 원자핵은 가끔 아주 큰 에너지의 광양자(빛의 기본 작용 단위)를 방출한다네. 자네는 원자 외부에서 광선을 비추어 전자를 맞힐 수도 있지. 이렇게 전자를 맞히는 것은 방금 호랑이를 맞힌 것과 비슷해. 많은 광양자가 전자를 향해 발사되지만 그 중 하나만 전자를 맞혀서 그걸 원자 바깥으로 튀어나오게 하는 거야. 양자계라는 것은 약간만 영향을 받는 법이 없어. 영향을 전혀 안 받거나 완전히 받지."

"그래서 양자 세계의 고양이를 쓰다듬는다는 건 죽이는 것과 마찬가지가 되는 거군요."

탐킨스 씨가 고개를 주억거렸다.

"보세요! 영양 떼입니다!"

리처드 경이 엽총을 들며 말했다. 실제로 야자수 숲에서 커다란 영양 떼가 뛰쳐나왔다.

'훈련받은 영양이로군.'

탐킨스 씨가 생각했다.

'사열하는 군인들처럼 정확하게 줄을 맞추고 달리잖아. 이것도 역시 양자 효과인가?'

코끼리 옆으로 달려가는 영양 떼는 아주 빨랐다. 리처드 경이 총을 쏘려고 하자 노교수가 말렸다.

"실탄을 낭비하지 말게. 한 마리의 동물이 회절 형태로 움직이고 있을 때에는 맞힐 가능성이 거의 없어."

"한 마리라니요?"

리처드 경이 어이없어했다.

"수십 마리나 되잖아요!"

"천만에! 저건 한 마리야. 모든 물체의 '퍼지는' 성질은 광선이 퍼지

리처드 경이 총을 쏘려고 하자 노교수가 말렸다.

는 성질과 비슷하다네. 그래서 저 야자수들처럼 규칙적인 간격으로 서 있는 물체의 사이를 통과할 때는 회절 현상을 나타내게 되지. 자네도 학교에서 배웠겠지만, 이런 것이 바로 물질의 파동성이라는 걸세."

하지만 리처드 경도 탐킨스 씨도 '회절'이라는 단어의 뜻을 이해할 수가 없었다. 그래서 대화는 거기서 끝나고 말았다.

양자 정글을 더 깊숙이 탐험하며 그들은 다른 재미난 현상을 많이 목격했다. 양자 모기는 질량이 아주 작아서 위치를 전혀 알 수가 없다. 양자 원숭이도 아주 흥미로웠다. 그들이 원주민 부락으로 보이는 곳에 이르렀을 때 노교수가 말했다.

"이 지역에 민가가 있는 줄은 몰랐는데. 떠들썩한 걸로 보아 축제가 벌어진 모양이야. 쉬지 않고 종소리가 들리는군."

그들은 커다란 모닥불을 피워놓고 주위를 돌며 춤을 추고 있는 것 같았는데, 원주민들 모습이 한 명씩 분간이 되지 않았다. 다만 크고 작은 종을 쥔 갈색 손들이 무리 속에서 불쑥불쑥 솟아오르는 게 보일 뿐이었다. 탐킨스 씨 일행이 가까이 다가가자 오두막과 인근의 커다란 나무들이 퍼지기 시작했다. 그들이 울리는 종소리는 이제 탐킨스 씨에게는 참을 수 없을 만큼 커다랗게 들렸다. 그는 팔을 뻗어 뭔가를 움켜쥐고 그것을 내던졌다.

자명종이 침대 옆 간이탁자에 놓인 물 컵을 맞혔다. 찬 물이 얼굴에 튀었다. 침대에서 벌떡 일어난 탐킨스 씨는 허겁지겁 옷을 입기 시작했다. 출근 시간까지 30분밖에 남지 않았던 것이다.

맥스웰의 도깨비

 여러 달 동안 신기한 모험을 하며 노교수에게 물리학의 비밀을 배우는 동안, 탐킨스 씨는 점점 더 모드에게 매혹되었다. 마침내 그는 다소 수줍어하며 모드에게 청혼을 했다. 모드가 곧 청혼을 받아들여 두 사람은 부부가 되었다. 이제 장인이 된 노교수는 사위의 물리학 지식을 더욱 넓혀주는 것을 의무로 생각하고 최신 물리학 지식을 가르쳐주려고 했다.

 어느 토요일 오후 탐킨스 씨 부부는 편안한 아파트 거실 안락의자에 앉아 있었다. 모드는 〈보그〉지 최신호를 보고 있었고, 탐킨스 씨는 〈에스콰이어〉지(1940년 1월호)를 읽고 있었다.

"이야!"

탐킨스 씨가 갑자기 탄성을 질렀다.

"도박을 해서 확실하게 돈을 딸 수 있는 방법이 여기 나와 있어!"

"정말?"

모드가 마지못해 패션 잡지에서 고개를 들고 말했다.

"아버지는 확실하게 딸 수 있는 도박이 있을 수 없다고 늘 말씀하셨어."

"그렇지만 이것 좀 봐."

탐킨스 씨는 30분 동안 정독한 잡지 기사를 그녀에게 보여주었다.

"계속해서 읽기만 할 수는 없잖아!"

"다른 건 몰라도 이것만큼은 간단한 순수 수학에 바탕을 둔 확실한 방법이야. 절대 잃을 수가 없는 방법이라니까. 그저 종이 위에 1, 2, 3이라고 숫자 세 개를 쓰고, 여기 적힌 간단한 요령을 따르기만 하면 돼."

"그럼, 어디 한번 해봐."

모드가 관심을 보이기 시작하며 말했다.

"어떻게 하는 건데?"

"이 글에 적힌 대로 하면 가장 빨리 요령을 터득할 수 있을 거야. 여기서는 빨강과 검정에 돈을 거는 룰렛 게임을 예로 들었는데, 이건 동전의 앞면이나 뒷면에 돈을 거는 것과 같은 게임이야. 자, 내가 숫자 세 개를 쓸게."

1, 2, 3

이제 어떻게 하느냐 하면, 일련의 세 숫자(수열)의 양쪽 끝에 있는 두 수의 합만큼 베팅을 하는 거야. 1 더하기 3은 4니까, 네 개의 칩을 빨강에 걸었다고 해봐. 내가 따면 숫자 1과 3은 지우고, 남은 숫자 2가 다음 베팅액이 되지. 내가 잃으면, 수열의 끝에 4를 덧붙여서 1과 4를 더한 5가 다음 베팅액이 되는 거야.

자, 첫 게임 결과 공이 검정에 멈추어서 내가 네 개의 칩을 잃었다고 해봐. 그럼 새로운 수열은 이렇게 돼.

1, 2, 3, 4

두 번째로 다섯 개의 칩을 베팅했는데, 또 잃었다고 해봐. 그러면 같은 요령으로 수열의 끝에 5를 덧붙여서 세 번째에는 여섯 개의 칩을 베팅하는 거야."

"이번에도 잃는단 말이야?"

모드가 흥분해서 말했다.

"계속 잃기만 할 수는 없잖아!"

"반드시 그렇지도 않아."

탐킨스 씨가 말했다.

"어릴 적에 친구들과 동전 던지기 놀이를 했는데, 믿어지지 않겠지만 계속 열 번이나 앞면이 나온 적도 있었어. 아무튼 책에 나온 대로 세 번째에는 내가 이겼다고 해볼까? 그렇다면 나는 12개의 칩을 받게 되지. 지금까지 15개를 걸어서 12개를 돌려받았으니까 아직 3개를 잃었어. 규칙에 따라 1과 5를 지우면 새 수열은 이렇게 돼.

~~1~~, 2, 3, 4, ~~5~~

이 수열의 바깥 두 수를 더한 6이 네 번째 베팅액이야."

"책에는 또 잃는 걸로 나왔네."

모드가 어깨너머로 잡지를 바라보며 말했다.

"그러면 수열에 6을 덧붙여서 다음에는 8개를 베팅해야겠어. 그렇지?"

"맞아. 그래서 또 잃는다면 새 수열은 이렇게 돼.

$$\cancel{1}, 2, 3, 4, \cancel{5}, 6, 8$$

그러면 여섯 번째에는 10개를 베팅해야 해. 이번에 땄다면 2와 8을 지우고, 3과 6을 더한 9개를 베팅해야 하는군. 그런데 또 잃었어."

"이럴 순 없어."

모드가 부루퉁하게 말했다.

"지금까지 세 번에 한 번밖에 못 땄잖아. 이건 불공평해!"

"염려할 것 없어."

탐킨스 씨가 자신만만한 마법사처럼 말했다.

"결국에는 우리가 이기게 될 거야. 내가 일곱 번째 베팅에서 9개를 잃는다면, 수열에 9를 덧붙여서 12개의 칩을 베팅해야 해.

$$\cancel{1}, \cancel{2}, 3, 4, \cancel{5}, 6, \cancel{8}, 9$$

이번에 내가 따면 3과 9를 지우니까, 4와 6만 남는군. 그럼 10개의 칩을 걸고, 여기서 따면 모든 숫자가 지워지니까 한 사이클의 게임이 끝난 거야. 모두 아홉 번 베팅을 했는데, 네 번 따고 다섯 번 잃었어.

하지만 나는 6개를 땄어!"

"정말 여섯 개를 땄다는 게 확실해?"

모드가 미심쩍다는 듯이 물었다.

"물론이지. 이 요령대로만 하면 한 사이클이 끝날 때마다 반드시 6개를 따게 돼 있어. 이건 간단히 셈만 해보면 알 수 있어. 그래서 이게 수학적으로 절대 잃지 않는 요령이라는 거야. 못 믿겠다면 종이에 써서 직접 확인해봐."

"좋아. 그렇다고 치지 뭐. 하지만 고작 여섯 개를 따서 뭘 해."

"그게 아니야. 한 사이클이 끝날 때마다 여섯 개씩 딴다면 그건 많은 거야. 이 과정을 몇 번이고 되풀이할 수 있으니까. 매번 여섯 개씩 딴다면 그건 대단한 거 아냐?"

"그렇구나! 그럼 자기는 은행을 그만둘 수도 있고, 우리가 멋진 집으로 이사할 수도 있겠네. 난 오늘 멋진 밍크코트를 보았는데. 옷값이 겨우…."

"까짓것, 그 밍크코트 사지 뭐. 하지만 그보다 먼저 몬테카를로에 빨리 가는 게 좋겠어. 다른 사람들도 이 기사를 읽었을 테니까. 우리보다 한발 먼저 간 사람이 카지노를 파산시켜 버리면 다 헛일이잖아."

"내가 비행기 예약을 할게."

모드가 말했다.

"가장 빠른 비행기 편으로 당장 가자."

그때 낯익은 목소리가 들려왔다.

"대체 웬 수선들이냐?"

모드의 아버지가 방에 들어와서, 딸과 사위가 흥분한 것을 보고 놀라서 물었다.

"당장 비행기를 타고 몬테카를로에 갈 겁니다. 아주 부자가 돼서 돌아올 거예요."

탐킨스 씨가 자리에서 일어나 노교수를 맞으며 말했다.

"알만해."

노교수가 벽난로 근처의 구식 안락의자에 앉으며 말했다.

"새로운 도박 비결이라도 터득했나 보군?"

"아빠, 이번에는 진짜예요!"

모드가 전화통을 붙들고 말했다.

"그래요."

탐킨스 씨가 노교수에게 잡지를 건네주며 말했다.

"이 방법을 쓰면 절대 잃지 않아요."

"과연 그럴까? 어디 한번 보자꾸나."

노교수는 미소를 지어 보였다. 잠시 잡지 기사를 읽어보고 말했다.

"이 방법의 두드러진 특징은, 잃을 때마다 베팅액을 높이고, 딸 때마다 베팅액을 낮추는 거야. 그래서 완벽한 규칙성을 유지하면서 따는 것과 잃는 것을 반복하기만 한다면, 결국에는 따는 게 잃는 것보다 조금 더 많겠지. 물론 이렇게만 된다면야 벼락부자가 될 수도 있을 거야.

하지만 이런 규칙성은 흔히 일어나는 게 아니야. 사실 규칙적으로 번갈아 가며 이기고 질 가능성은 어느 한쪽이 계속 이길 가능성만큼이나 희박해. 그러니 자네가 여러 번 잇달아 따거나, 잇달아 잃는 경우에 어떻게 되는가를 알아봐야 해. 이 요령에 따라 만일 자네가 잇달아 딴다면, 매번 딸 때마다 베팅액이 낮아지니까 따게 되는 전체 금액은 그리 많지 않아. 반대로 매번 잃으면 베팅액을 높여야 하니까, 잇달아 불운이 찾아오면 베팅액이 폭발적으로 늘어나서 밑천을 다 날릴 수도 있어. 그러니 밑천의 변동을 나타내는 곡선을 그려보면 천천히 오르다가 갑자기 곤두박질하는 형태가 될 거야. 게임 초반에는 한동안 서서히 상승 곡선을 탈 수도 있겠지. 느리긴 해도 확실히 밑천이 증가하는 것을 보며 자네는 한동안 흐뭇할 수 있을 거야. 그러나 더욱 많이 따기 위해 노름을 계속하다 보면 느닷없이 상승 곡선이 곤두박질해서 완전히 거덜 나는 순간이 오게 될 거야.

일반적으로 이런 노름에서 곡선이 두 배에 이를 확률과 제로에 이를 확률은 동일하다네. 바꿔 말하면, 자네가 최종 승자가 될 수 있는 확률은 반반이야. 단판 승부로 가진 돈을 전부 빨강이나 검정에 걸어서 두 배로 늘리거나 전부 날릴 확률과 같단 말일세. 이 책에 나온 요령이란 것은 승패를 연장시켜서 게임을 즐기게 하는 것뿐이야. 자네가 원하는 게 그런 거라면 골치 아프게 수열을 따질 필요도 없어.

알다시피 룰렛 회전반에는 36개의 숫자가 있는데, 자네는 그 중 하나만 빼고 35개의 번호에 모두 걸 수 있어. 그러면 자네가 이길 확률은

36분의 35야. 자네는 35개를 걸어서 36개를 돌려받을 수 있지. 그러나 언젠가는 자네가 걸지 않은 번호에 주사위가 멈출 테고, 그러면 자네는 35개를 모두 잃게 돼. 이런 식으로 오래 게임을 하게 되면 자네의 밑천이 변화하는 곡선은 이 잡지의 방식대로 게임을 했을 때와 다를 게 없어.

 물론 이건 카지노의 몫을 떼지 않을 경우의 얘기야. 사실 모든 룰렛 회전반에는 0이라는 번호도 있고 미국식에는 00이라는 번호까지 있어서 이길 확률이 더 낮지. 그러니 어떤 방식으로 노름을 하더라도 노름꾼의 돈은 자기 주머니에서 카지노 주머니로 슬그머니 흘러들기 마련인 거야."

 "그러니까, 반드시 돈을 따는 요령은 있을 수가 없다는 말씀이군요. 딸 확률보다 잃을 확률이 언제나 더 높다는 거죠?"

 탐킨스 씨가 풀 죽은 소리로 말했다.

 "바로 그거야. 그런데 내 얘기는 하찮은 도박에만 적용되는 게 아니라, 확률의 법칙과 전혀 관계가 없을 것 같은 여러 물리 현상에도 적용된다네. 말이 나왔으니 하는 말인데, 우연의 법칙을 깨는 시스템을 고안할 수만 있다면 카지노에서 돈을 따는 것보다 훨씬 더 대단한 일을 할 수 있지. 가령 자동차가 휘발유 없이 달릴 수 있고, 공장은 석탄 없이 가동될 수 있고, 그밖에도 환상적인 수많은 일이 가능해."

 "영구기관이라는 가상의 영구 운동 기계 얘기를 들은 적이 있어요."
 탐킨스 씨가 말했다.

"하지만 제 기억이 정확하다면, 연료 없이 달리는 기계는 불가능하다고 들었어요. 에너지가 무에서 나올 수는 없으니까요. 아무튼 그런 기계는 도박과 아무런 상관도 없잖아요."

"그건 그래."

노교수는 사위가 물리학에 대해 뭔가 알고 있다는 것을 흐뭇해하며 동의했다.

"흔히 '제1종 영구기관'이라고 부르는 그런 영구 운동은 불가능하다네. 에너지 보존 법칙에 어긋나기 때문이지. 하지만 내가 생각하는 기계는 좀 다른 거야. 그건 소위 '제2종 영구기관'이라는 건데, 무에서 에너지를 만들어내는 것이 아니라, 대지나 바다, 공기 속의 열 축적물에서 에너지를 추출하는 거야.

예를 들어 증기선이 석탄을 때서 가동하는 것이 아니라, 주위의 바닷물에서 추출한 열로 가동하는 경우를 상상해보게. 차가운 것에서 뜨거운 것 쪽으로 열을 흐르게 하는 것이 가능하다면, 바닷물을 빨아들여 그 열을 취하고 남은 얼음 덩어리는 배 밖으로 버리는 그런 기계를 만들 수 있다는 얘기야.

1리터의 찬물이 결빙될 때 방출되는 열량은, 1리터의 찬물을 끓일 때 필요한 열량과 비슷하다네. 그러니 바닷물을 계속 빨아들여 상당 규모의 엔진을 가동시키는 에너지를 얻을 수 있는 거야. 사실 이런 제2종 영구기관은 무에서 에너지를 창조하는 기계 못지않게 환상적이지. 이런 엔진을 가동할 수만 있다면, 세상 모든 사람이 필승 도박 요령을 알고 있는 사람처럼 돈 걱정 없이 살 수 있을 거야."

"바닷물에서 열을 뽑아서 배를 움직일 수 있다면 환상적일 거라는 건 인정해요. 하지만 그 문제와 우연의 법칙 사이에 무슨 관계가 있다는 거죠? 설마 주사위와 룰렛 회전반을 영구기관 부속으로 쓰자는 얘기는 아니겠죠?"

"물론 아니지."

노교수가 웃으면서 대답했다.

"가장 환상적인 영구기관을 상상해낸 사람이라도 그런 황당한 얘기를 한 적은 없어. 요점은, 본질적으로 열 작용이 주사위 게임과 아주 흡사하다는 거야. 열이 차가운 물체에서 뜨거운 물체로 흘러들기를 바라는 것은, 카지노의 돈이 자네 주머니로 흘러들기를 바라는 것과 똑같은 거야."

"그럼 카지노 돈주머니는 차갑고 내 주머니는 뜨겁다는 얘깁니까?"

"그렇다고 할 수 있지."

노교수가 대답했다.

"자네가 지난번 내 강의를 빼먹지 않았다면, 열이란 무수한 입자인 원자와 분자들의 빠르고 불규칙한 운동이라는 걸 알고 있을 텐데. 모든 물체는 원자와 분자로 이루어져 있는데, 분자 운동이 더 빠를수록 우리에겐 그 물체가 더 따뜻하게 느껴지는 거야.

그런데 분자 운동은 아주 불규칙하기 때문에 우연의 법칙이 지배한다네. 아주 많은 입자로 이루어진 어떤 시스템을 생각해봐. 이 시스템의 가장 자연스런 상태는, 이용 가능한 에너지의 총량이 골고루 흩어진 상태야. 물체의 한 부분이 가열되면, 즉 그 부분의 분자가 평소보다 더 빠르게 움직이면, 수많은 분자가 우연히 충돌하게 되고, 남는 에너지가 곧 나머지 입자들 사이에 골고루 퍼져 나가게 되지.

그러나 이 충돌은 전적으로 우발적이기 때문에, 순전히 우연으로, 특정 입자들이 이용 가능한 에너지의 대부분을 흡수해버릴 가능성도 있어. 물체의 특정 부분에 열 에너지가 순간적으로 집중되는 현상은 온도의 평균 분포 법칙에 위배되지만, 절대 불가능한 현상은 아니야. 하지만 그럴 가능성은 너무나 적어서 실제로는 불가능한 일로 치부되는 거야."

"아, 이제야 알겠습니다. 제2종 영구기관이 잠깐 동안 작동할 수는 있지만, 그 확률이 너무나 작다는 거지요? 두 개의 주사위를 백 번 던져서 그 합이 계속 7이 될 확률 정도 되나요?"

"아니, 그보다 더 확률이 낮아. 사실 자연현상에 반대되는 현상에 돈을 걸어서 이길 확률은 너무 작아서, 언어로 표현하기가 불가능해. 예를 들어 이 방안의 모든 공기가 이 탁자 밑에 순간적으로 모여들고 나머지 공간은 전부 진공이 될 확률을 한번 따져볼까? 먼저 공기 분자의 개수부터 따져보면, $1cm^3$ 대기 안에는 대략 10^{20}개의 분자가 있어. 그러니 이 방안에는 약 10^{27}개의 공기 분자가 있다고 보아야 할 거야. 이 탁자 밑의 공간은 전체 공간의 100분의 1 정도 되니까, 공기 분자 하나가 이 탁자 밑에 있을 확률은 100분의 1이야. 그래서 모든 공기 분자가 테이블 밑에 있을 확률은 100분의 1을 10^{27}번 곱한 값이 되지. 그건 소수점 이하에 0이 54개나 붙은 값이야."

"어휴!"

탐킨스 씨는 한숨을 내쉬었다.

"그런 확률에 돈을 걸 수는 없겠군요! 그러나 불가능하다는 것은 아니죠?"

"그래. 방안의 공기가 모두 탁자 밑에 몰려들어서 우리가 질식사한다거나, 자네의 술잔에 든 술이 저절로 끓는 일은 있을 수 없지만, 비교적 소수의 분자를 포함한 작은 공간에서는 불가능한 게 아니야. 예를 들어, 바로 이 방안에서도 공기 분자가 상습적으로 특정 지점에 좀 더 밀집해 있을 수 있어. 그래서 순간적으로 '밀도의 통계적 요동'이라는 불균일 상태가 될 수 있지. 태양 광선이 지구 대기권을 통과할 때, 이런 불균일 상태가 발생해서 파란 스펙트럼 광선이 산란, 즉 여러 방향으로 흩어지기 때문에 하늘이 저렇게 파란 거야. 만약 밀도의 요동이 없다면 하늘은 늘 검은색일 테고 낮에도 별이 또렷하게 보이겠지. 또 투명한 액체가 비등점에서 젖빛을 띠게 되는 것도 불규칙한 분자 운동에 의한 밀도의 요동 때문이라네. 그러나 아주 커다란 물체에서는 이런 요동이 일어날 확률이 엄청나게 작기 때문에 수십억 년을 관찰해도 아무런 소득도 없는 경우가 많아."

"하지만 바로 이 방안에서 이상한 일이 발생할 가능성은 아직도 있어요. 그렇죠?"

탐킨스 씨가 집요하게 물었다.

"물론 그래. 죽 그릇 속의 분자들 가운데 절반이 우연히 같은 방향으로 열 에너지를 받아서, 죽 그릇이 저절로 엎질러질 가능성이 전혀 없다고는 할 수 없지."

"어제 바로 그런 일이 실제로 일어났어요."

패션 잡지를 다 읽은 모드가 관심을 보이며 끼어들었다.

"어제 수프가 엎질러졌는데 가정부는 자기가 식탁을 건드리지 않았다는 거예요."

노교수는 껄껄 웃음을 터트렸다.

"그런 일이라면 맥스웰의 도깨비 *Maxwell's Demon* 탓이 아니라 가정부 탓이라고 봐야겠지."

"맥스웰의 도깨비?"

어리둥절한 탐킨스 씨가 말했다.

"과학자들은 도깨비 같은 것에 전혀 관심이 없는 줄 알았는데요."

"물론 우리는 도깨비 같은 것에 별 관심이 없지. 유명한 물리학자인 제임스 맥스웰 *James C. Maxwell*이 통계적인 도깨비의 개념을 도입했는데, 그건 일종의 비유법이지. 열 현상을 설명하기 위해 그 개념을 사용했어. 맥스웰의 도깨비는 아주 동작이 빨라서, 모든 분자의 운동 방향을 자기가 원하는 대로 바꾸어놓는 재주를 가졌지. 이런 도깨비가 실제로 존재한다면 열은 자연현상에 거슬러 흐를 수가 있고, 열역학의 기본 법칙인 **엔트로피 증가의 법칙**은 쓸모없는 것이 되어버리지."

"엔트로피? 그건 전에 들어본 적이 있어요. 한 친구가 파티를 열었는데, 술을 몇 잔 한 다음, 그가 초청한 화학 전공자가 노래를 부르기 시작했어요. 〈내 사랑 아우구스티누스〉라는 곡에 이런 가사를 붙여서 노래했지요.

> 증가하고, 감소하고
> 감소하고, 증가하고
> 엔트로피가 어찌 되든
> 우리는 아무래도 좋아.

이 엔트로피라는 게 대체 뭐죠?"
"그리 어려운 게 아니야. '엔트로피'는 단지 어떤 물질이나 물질계의 분자 운동이 무질서한 정도를 나타내는 용어야. 무수한 분자들 사이의 불규칙한 충돌은 언제나 엔트로피를 증가시키는 경향이 있지. 통계적으로 완전히 무질서한 상태가 물질계의 가장 자연스러운 상태거든. 그러나 맥스웰의 도깨비에게 일을 시킬 수 있다면, 훌륭한 양치기 개가 양떼를 한데 모아서 몰고 가듯이 분자 운동이 금방 질서를 찾게 되고, 엔트로피가 감소되기 시작할 거야. 덧붙여 말한다면, 루트비히 볼츠만 *Ludwig E. Boltzman*이 내놓은 H-정리에 따라 …."
노교수는 물리학을 사실상 전혀 모르는 사람에게 얘기하고 있다는 것을 깜빡 잊어버리고, 마치 대학원 학생에게 강의하듯 '일반화된 매

개 변수'나 '의사 에르고드 시스템' 같은 전문용어를 들먹였다. 그리고 열역학 기본 법칙, 그 법칙과 통계 역학의 기브스 형태 *Gibbs' form*와 가지는 상관관계를 설명하기 시작했다.

 탐킨스 씨는 이해하기 어려운 노교수의 강의를 한두 번 듣는 게 아니라서 그냥 알아듣는 시늉을 하며, 하이볼(위스키에 소다수를 타고 얼음을 띄운 것)을 홀짝였다. 그러나 통계 물리학의 핵심을 전혀 알아들을 수 없는 모드는 안락의자에 웅크리고 앉은 채 눈꺼풀만 점점 더 무거워졌다. 그녀는 몰려오는 졸음을 떨쳐버리기 위해 주방에 가서 저녁식사가 준비되었는지 알아보기로 했다.

 "부인, 필요한 게 있으십니까?"

 모드가 주방에 들어가자, 키가 크고 우아한 옷을 입은 집사가 공손하게 말했다.

 "아니에요. 하던 일이나 계속하세요."

 모드는 무심코 그렇게 말했지만, 대체 이 남자가 왜 여기 있는지 어리둥절했다. 그들에게는 집사가 없었고, 집사를 고용할 형편도 되지 않았다. 호리호리하고 훤칠한 이 남자는 올리브빛 피부에 코는 길고 뾰족한데, 초록 눈동자가 강렬하게 이글거렸다. 이마 위쪽의 검은 머리칼 사이로 두 개의 뿔이 솟아 있는 것을 본 모드는 등골이 오싹해졌다.

 '이건 꿈일 거야.'

 그녀는 생각했다.

'혹시 이 남자는 오페라에서 튀어나온 메피스토펠레스(파우스트 전설에 나오는 유명한 악마—옮긴이주)인지도 몰라.'

"우리 남편이 당신을 고용했나요?"

그녀는 무슨 말이든 해야겠다는 생각에 큰소리로 물었다.

"아닙니다."

낯선 집사가 우아한 동작으로 식탁을 어루만지며 대답했다.

"사실은 당신의 저명한 아버지에게 내가 결코 신화적인 존재가 아니라는 것을 보여주기 위해 내 발로 찾아온 겁니다. 나로 말씀드리자면, 바로 맥스웰의 도깨비올시다."

"아!"

모드는 안도의 한숨을 내쉬었다.

"그러면 당신은 다른 마귀들과는 달리 사악한 존재가 아니겠군요. 사람을 해칠 생각도 없겠죠?"

"물론이죠."

도깨비가 활짝 웃으며 말했다.

"하지만 나는 장난치는 걸 좋아해요. 이제 노교수가 깜짝 놀랄 장난을 칠 겁니다."

"뭘 어떻게 할 건데요?"

모드가 아직 미덥지 않다는 듯이 물었다.

"내가 마음만 먹으면 엔트로피 증가의 법칙이 간단히 깨질 수 있다는 것을 보여줄 겁니다. 그걸 보여드릴 테니 같이 가실까요? 전혀 위험하지 않으니 마음 푹 놓으세요."

그런 말과 함께 도깨비는 모드의 팔을 힘주어 잡았다. 그 순간 주위의 모든 것이 돌변했다. 낯익은 주방의 모든 물체가 엄청난 속도로 부풀기 시작했다. 그녀가 의자의 등받이를 보았다 싶은 순간 그것이 지평선처럼 펼쳐졌다. 마침내 모든 것이 잠잠해졌을 때, 그녀는 도깨비의 부축을 받은 채 붕 떠서 날아가고 있었다. 온 사방에 널린 테니스공만한 둥근 물체가 몽롱하게 곁을 획획 스쳐 지나갔다. 도깨비는 위험스러워 보이는 공과 충돌하지 않도록 모드를 잘 이끌며 날아갔다.

모드는 발밑을 굽어보았다. 밑에는 고깃배 같은 것들이 떠 있었는데, 하얗게 진동하며 반짝이는 고기가 뱃전까지 가득 차 있었다. 그러나 그것은 고기가 아니라, 전에 스쳐 지나갔던 것과 똑같이 몽롱해 보이는 무수한 공이었다. 도깨비가 그녀를 더 가까이 데려가자, 일정한 형태 없이 부글거리는 걸쭉한 죽의 바다가 펼쳐졌다. 공들이 끓어서 표면으로 올라오거나 아래로 빨려드는 듯했다. 가끔은 공이 맹렬한 속도로 떠올라 공중으로 튀어 올랐고, 더러는 공중으로 떠오른 공이 죽 속으로 떨어져 다른 수많은 공들 속에 파묻혔다. 모드가 좀더 가까이에서 죽을 바라보니, 공이 두 종류라는 것을 알 수 있었다. 대부분 테니스공처럼 생겼지만, 어떤 것들은 미식 축구공처럼 크고 길쭉했다. 공은 모두 반투명이었는데, 모드가 알 수 없는 복잡한 내부 구조를 지니고 있는 것 같았다.

"여기가 어디죠?"

"지옥이 이렇게 생겼나요?"

모드가 놀라워하며 물었다.
"지옥이 이렇게 생겼나요?"
"천만에요."

도깨비가 씩 웃었다.

"지옥이 이렇게 멋질 리가 있나요. 당신 남편은 노교수가 의사 에르고드 시스템을 설명하는 동안 졸음을 쫓기 위해 계속 하이볼을 마시고 있는데, 우리는 그 하이볼 표면의 극히 일부분을 바라보고 있는 겁니다. 이 공들은 모두 분자랍니다. 작고 둥근 공은 물분자고, 더 크고 길쭉한 것은 알코올 분자입니다. 이 분자의 비율을 따져보면 댁의 남편이 얼마나 독한 술을 마시고 있는지 알 수 있을 겁니다."

"아주 흥미롭군요."

모드가 짐짓 의젓한 표정으로 말했다.

"그런데 물속에서 헤엄치는 한 쌍의 고래처럼 보이는 저건 뭐죠? 설마 원자 고래는 아니겠죠?"

도깨비는 모드가 가리킨 곳을 쳐다보았다.

"고래일 리가 있나요."

도깨비가 말했다.

"저건 태운 보리의 미세한 가루입니다. 위스키의 독특한 맛과 색을 내는 성분이지요. 각 가루는 수백만 개의 복잡한 유기분자로 되어 있는데 비교적 크고 무겁지요. 열 운동으로 활성화된 물분자와 알코올 분자 때문에 저렇게 펄떡거리고 있는 것처럼 보이지요. 저건 분자 운동에 영향을 받을 정도로 작지만 고성능 현미경으로 관찰할 수 있을 정도의 크기는 되지요. 저런 크기의 입자들 덕분에 과학자들은 열 운동 이론의 직접적인 증거를 얻을 수 있답니다. 이들 미세 분자가 액체 안에서 움직이는 게 마치 타란텔라 춤(3박자 또는 6박자 계통의 아주 빠른 이탈리아 춤-옮긴이주)을 추는 것 같은데, 그런 움직임을 흔히 브라운 운동(액체나 기체 안에서 움직이는 아주 작은 입자의 불규칙한 운동-옮긴이주)이라고 부르지요. 물리학자들은 이 브라운 운동의 밀도를 측정해서 분자 운동 에너지에 관한 직접 정보를 얻을 수 있답니다."

도깨비는 다시 모드를 데리고 날아갔다. 무수한 물분자들이 벽돌처

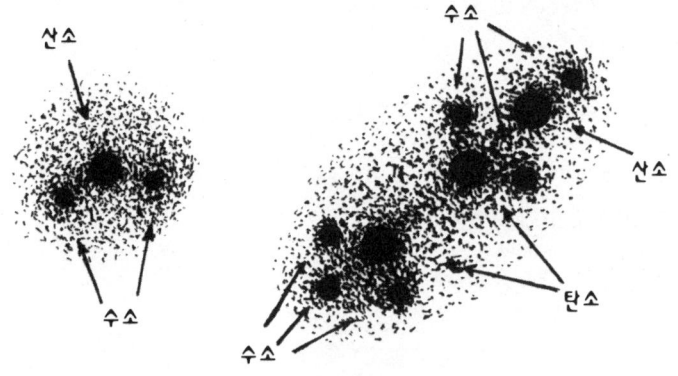

럼 정연하게 쌓여 만들어진 거대한 벽 앞에 이르렀다.

"어머나, 정말 멋지군요!"

모드가 탄성을 내질렀다.

"내가 그리고 있는 초상화의 배경으로 쓰면 아주 그만이겠어. 이 아름다운 건물은 대체 뭐죠?"

"이건 얼음 결정의 일부랍니다. 댁의 남편이 마시고 있는 하이볼에 띄운 얼음이지요. 잠깐 실례하겠어요. 이제 저 잘난 노교수에게 장난

을 좀 칠 때가 되었거든요."

맥스웰의 도깨비는 모드를 딱한 산악 등반가처럼 얼음 가장자리에 앉혀 놓고 일을 벌이기 시작했다. 그는 테니스 라켓처럼 보이는 물건으로 주위의 분자들을 철썩철썩 후려쳤다. 이리저리 휙휙 날아다니며, 완강하게 엉뚱한 방향으로 나아가려는 분자들을 적시에 후려치곤 했다. 모드는 아주 위험한 곳에 앉아 있으면서도 도깨비가 놀랍도록 빠르고 정확한 것에 감탄하지 않을 수 없었다. 도깨비가 특히 까다롭고 재빠른 분자를 굴복시킬 때마다 그녀는 갈채를 보냈다. 도깨비 솜씨에 비하면 세계 테니스 선수권 대회의 우승자는 파리채를 휘두르는 격에 지나지 않았다.

몇 분 후 도깨비의 장난이 효력을 나타내기 시작했다. 한 쪽 액체 표면은 아주 완만하게 움직이는 조용한 분자들로 덮여 있었지만, 도깨비 발밑에서는 분자들이 격렬히 요동했다. 증발 작용으로 액체 표면에서 공중으로 달아나는 분자 수가 급증했고, 이제 분자들은 수천 개씩 무리지어 커다란 거품처럼 떠올랐다. 곧이어 구름처럼 수증기가 일며 모드의 시야를 가려버렸다. 미친 듯이 움직이는 분자들 사이에서 휙휙 움직이는 테니스 라켓과 도깨비의 연미복 꼬리만이 살짝살짝 보일 뿐이었다. 이윽고 모드가 앉아 있는 얼음 결정의 분자들이 붕괴되자, 그녀는 발아래 증기 구름 속으로 추락했다.

구름이 걷혔다 싶은 순간, 모드는 주방에 들어가기 전처럼 안락의자에 그대로 앉아 있었다.

"거룩한 엔트로피여!"

그녀의 아버지가 탐킨스 씨의 하이볼을 들여다보며 놀라서 큰 소리로 외쳤다.

"거룩한 엔트로피여! 이게 끓는 것 좀 봐!"

"이게 끓는 것 좀 봐!"

술잔 속의 액체는 맹렬하게 부글거리는 거품으로 뒤덮였고, 가녀린 증기 구름이 천천히 천장으로 솟아오르고 있었다. 그러나 이상하게도 얼음 조각 둘레의 일부 표면만 끓고 있었다. 술잔 속의 나머지 액체는 여전히 아주 차가웠다.

"생각해보게!"

노교수가 떨리는 목소리로 말했다.

"내가 자네에게 엔트로피 법칙의 통계적 요동을 얘기하는 순간에 이런 현상이 발생할 줄이야! 이건 거의 있을 수 없는 일이야. 이건 지구 역사상 처음 있는 일일 거야. 액체 표면 한 곳에 우연히 빠른 분자들이 모여 저절로 액체가 끓기 시작했어! 앞으로 수십억 년이 지나도 두 번 다시 이렇게 이상한 현상을 보게 될 사람은 아무도 없을 거야."

노교수는 서서히 식고 있는 술잔을 지켜보았다.

"이거야말로 행운이 아닐 수 없어!"

그는 가슴 벅찬 표정을 지었다.

모드는 빙그레 웃을 뿐 아무런 말도 하지 않았다. 그녀는 아버지에게 아는 척하고 싶지 않았다. 하지만 이번만큼은 그녀가 아버지보다 더 많이 안다고 생각했다.

10 즐거운 전자 공동체

며칠 후 노교수의 원자 구조 강의가 있었다. 탐킨스 씨는 집에서 저녁식사를 하다가 퍼뜩 그 생각이 났다. 그는 강의에 참석하겠다고 약속까지 했다. 그러나 장인의 끝없는 설명에 신물이 나서, 강의는 잊어버리고 집에서 뭉그적거리고 싶었다. 그가 느긋이 자리 잡고 앉아 책을 펼치는 순간, 모드가 시계를 바라보더니 이제 그만 가볼 시간이라고 말했다. 부드럽지만 단호해서 발뺌을 할 수가 없었다. 그래서 30분 후, 탐킨스 씨는 열띤 젊은 학생들과 함께 대학 강당의 딱딱한 의자에 앉아 있게 되었다.

"신사 숙녀 여러분."

노교수가 안경 너머로 근엄하게 청중을 바라보며 강의를 하기 시작했다.

"지난번 강의 때 약속한 대로, 원자의 내부 구조에 대해 좀더 자세히 말씀드리겠습니다. 또 특별한 구조적 특징으로 인해 원자가 어떤 물리 화학적 성질을 갖게 되는지도 말씀드리겠습니다. 물론 여러분도 아시다시피, 원자는 더 이상 쪼갤 수 없는 물질의 최소 단위가 아닙니다. 원자가 훨씬 더 작은 전자와 양성자와 같은 입자로 쪼갤 수 있다는 것을 알게 되었으니까요.

더 이상 쪼갤 수 없는 물질의 기본 구성 입자라는 개념을 추적하면, B.C. 4세기경 고대 그리스의 철학자 데모크리토스 *Democritus* 까지 거슬러 올라갑니다. 감춰진 사물의 본질에 대해 깊이 사색한 이 철학자는 물질의 구조라는 문제에 파고들었지요. 그래서 그는 물질이 무한히 작게 쪼갤 수 있는 존재인가라는 질문에 맞닥뜨렸습니다. 당시에는 순전히 생각만으로 그런 문제를 풀어야 했지요. 요즘처럼 어떤 실험 같은 걸 할 수 없었으니까요. 그래서 데모크리토스는 자신의 마음속 깊은 곳에서 답을 찾아내려고 했습니다. 다소 애매모호한 철학적 사변을 바탕으로 해서 그는 다음과 같은 결론에 도달했지요.

- 물질을 끝없이 더욱 작은 부분으로 쪼갤 수 있다는 것은 '생각할 수 없다.'
- 더 이상 쪼갤 수 없는 가장 작은 입자'의 존재를 반드시 가정해야만 한다.

데모크리토스는 이러한 입자를 '원자 *atom*' 라고 불렀는데, 이 단어는 그리스어로 '더 이상 쪼갤 수 없다'는 뜻을 지니고 있습니다.

데모크리토스가 자연과학의 발전에 기여한 위대한 공로를 깎아내릴 뜻은 없지만, 물질을 어떤 한계 이상까지 쪼갤 수 있다고 주장한 다른 그리스 철학자들도 분명 있었다는 것을 염두에 두시기 바랍니다. 그래서 미래의 정밀과학이 내린 결론과 상관없이, 고대 그리스 철학은 물리학사에서도 소홀히 할 수 없는 자리를 차지하게 되었습니다.

데모크리토스의 시대와 그 후 20여 세기 동안, 더 이상 쪼갤 수 없는 물질의 최소 단위 존재는 순전히 철학적 가설일 뿐이었습니다. 고대 그리스 철학자가 예견한 원자를 발견한 것은 2천 년도 더 지난 19세기에 들어서였지요.

1808년에 영국의 화학자 존 돌턴 *John Dalton*이 입증한 배수비례 *the relative proportions* 법칙에 따르면…"

탐킨스 씨는 강의가 시작될 때부터 늘어지게 잠이나 자고 싶은 유혹을 뿌리칠 수가 없었다. 간신히 버틸 수 있었던 것은 오로지 의자가 너무나 딱딱해서였다. 그러나 돌턴의 '배수비례' 법칙에는 속절없이 무너지고 말았다. 이윽고 탐킨스 씨가 구석 자리에서 나직이 코를 고는 소리가 조용한 강당에 은은히 퍼졌다.

곯아떨어지는 순간 딱딱한 의자가 흐물흐물해지더니 탐킨스 씨는 공중에 둥실 떠오른 듯한 상쾌한 느낌이 들었다. 눈을 떠보니 놀랍게도, 아주 무서운 속도로 공중을 날아다니고 있었다. 주위를 둘러보니 자기 혼자 환상적인 비행을 하고 있는 것이 아니었다. 아련한 모습의 수많은 형체가 자기 곁을 스쳐 지나가며 한복판의 크고 묵직해 보이는 물체 주위를 돌고 있었다. 낯선 존재들은 쌍을 이루어 움직였는데, 원형이나 타원 궤도를 이루며 서로 뒤를 쫓고 있었다. 불현듯 탐킨스

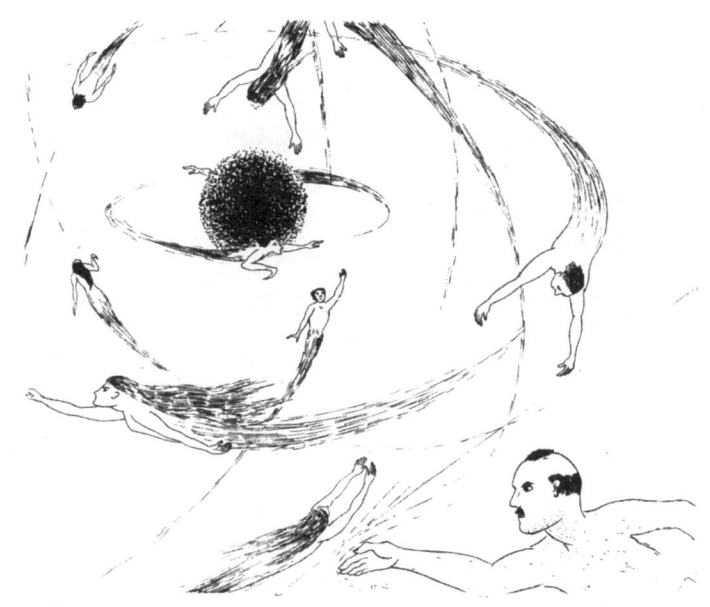

씨는 뼈저린 외로움을 느꼈다. 짝이 없는 게 자기뿐이었던 것이다.

'왜 모드를 데려오지 않았지?'

그는 울적하게 자문했다.

'같이 왔다면 즐겁고 유쾌한 이 무리들과 함께 멋진 시간을 보낼 수 있었을 텐데.'

탐킨스 씨는 가장 바깥 궤도를 혼자 돌고 있었다. 다른 사람들과 어울리고 싶어도, 자기한테는 짝이 없다는 생각 때문에 그럴 수가 없었다. 그는 문득 자기가 기적적으로 원자 내부의 전자 공동체에 들어왔다는 것을 깨달았다. 한 쌍의 전자가 타원을 그리며 곁을 스쳐 지나갈 때, 그는 투덜거리지 않을 수 없었다.

즐거운 전자 공동체

"왜 나만 짝이 없죠?"

탐킨스 씨는 큰 소리로 외쳤다.

"이 원자는 번호가 홀수거든요. 그리고 당신이 바로 원자가전자(가장 바깥궤도의 전자)거든요오오오오—."

이렇게 말한 전자는 춤추는 무리 속으로 돌아가 버렸다.

"원자가전자는 혼자 살거나, 다른 원자 속에서 짝을 찾아야 해요."

다른 전자가 그의 곁을 빠르게 스쳐 지나가며 고음의 소프라노로 말했다.

"아름다운 짝을 원하신다면

염소(Cl)한테 가서 찾아보세요."

다른 전자가 조롱하듯 읊조렸다.

"보아하니 이곳에 새로 와서 몹시 외롭나 보지?"

머리 위에서 다정한 목소리가 들렸다. 탐킨스 씨가 고개를 들어보니 갈색 수도복을 입은 뚱뚱한 사람이 우뚝 서 있었다.

"나는 파울리니 신부라네."

신부가 탐킨스 씨와 함께 궤도를 돌며 말했다.

"원자 속에서 사는 전자의 사회생활과 도덕성을 감시하는 게 내 임무지. 이렇게 아름다운 원자 구조를 세운 것은 위대한 건축가 닐스 보어인데, 이 구조 속의 양자 세포들 사이에 장난기 많은 전자들이 잘 분포되도록 하는 것도 내 임무라네. 예의와 질서를 지키기 위해 나는 두 개가 넘는 전자들이 같은 궤도를 도는 걸 용납하지 않아. 3인 1조는 아주 골치 아프거든. 그래서 전자는 언제나 스핀(회전)이 다른 두 개가 쌍을 이루게 되고, 양자 세포가 이미 두 개의 전자로 채워지면 외부 침입을 허용하지 않도록 되어 있지. 이건 아주 좋은 규칙이야. 어떤 전자도 내 계율을 어긴 적이 없다네."

"그게 좋은 규칙인지는 몰라도 지금 제게는 아주 불편해요."

탐킨스 씨가 투덜거렸다.

즐거운 전자 공동체

"그건 나도 알아."

신부가 미소를 지으며 말했다.

"하지만 자네가 홀수 원자의 원자가전자라는 건 그저 운이 나빴을 뿐이야. 자네가 속한 나트륨 원자는 원자핵(한복판에 있는 저 검은 물질)의 전하 때문에 열한 개의 전자를 갖게끔 되어 있어. 그런데 불운하게도 11은 홀수잖아. 그래서 짝을 채우다보니 자네가 혼자 남게 된 거야. 자네가 늦게 왔으니 적어도 한동안은 혼자 있을 수밖에 없어."

"저 고참 전자 가운데 하나를 쫓아내면, 나중에라도 짝을 이룰 수 있나요?"

탐킨스 씨가 사뭇 기대에 차서 물었다.

"꼭 그렇게 되는 건 아니지."

신부가 통통한 손가락을 내저으며 말했다.

"물론 외부 교란 때문에 내부 전자가 밖으로 튕겨나갈 가능성은 있어. 빈자리를 남기고 말이야. 하지만 내가 자네라면 그런 가능성을 기대하진 않을 걸세."

"염소 원자 속으로 옮겨가는 것이 더 나을 거라는 얘기를 들었는데요."

파울리니 신부의 말에 풀이 죽은 탐킨스 씨가 말했다.

"그러려면 어떻게 해야 하나요?"

"이봐, 젊은이!"

수도자가 슬픈 목소리로 말했다.

"왜 그렇게 짝을 찾겠다고 고집하는 건가? 고독을 음미해봐. 이건 영혼의 평화를 묵상할 수 있는 하늘이 주신 기회야. 전자들조차 세속적인 삶을 동경해서야 쓰겠나? 그러나 자네가 그토록 짝을 원한다면 소원을 들어주지. 저길 보게. 다가오고 있는 염소 원자가 보이지? 아직 멀리 떨어져 있지만, 분명 자네를 환영할 빈자리가 보일 거야. 저 빈자리는 전자들의 바깥 그룹, 소위 'M껍질'이라는 것 속에 있지. 저 껍질은 4쌍 여덟 개의 전자로 채워지게 되어 있어. 그런데 보다시피 스핀 방향이 같은 전자가 네 개고, 방향이 다른 것은 세 개밖에 없어서 한 자리가 비어 있지. 'K'와 'L'로 알려진 안쪽의 껍질은 완전히 채워져 있기 때문에, 자네가 가서 M껍질을 채워주면 좋아할 거야. 두 원자가 서로 가까워지면, 원자가전자가 보통 하는 식대로 그저 펄쩍 뛰기만 하면 돼. 자네에게 평화가 깃들기를!"

이 말과 함께 인상적인 용모의 전자 신부는 갑자기 허공으로 사라져 버렸다.

기분이 좋아진 탐킨스 씨는 옆을 지나가는 염소 원자의 궤도로 재빨리 뛰어들려고 잔뜩 힘을 모았다. 놀랍게도 그는 아주 간단히 우아하게 도약해서, 염소의 M껍질을 구성하는 온화한 전자들 틈에 끼게 되었다.

"우리에게 와줘서 정말 기뻐요!"

반대 스핀으로 돌며 우아하게 궤도를 미끄러져 가고 있던 그의 새 짝이 말했다.

"이제 아무도 우리의 공동체가 불완전하다고 말하지 못할 거예요.

자, 우리 함께 신나게 즐겨요!"

탐킨스 씨도 정말 신이 난다고 생각했지만, 은근히 마음에 걸리는 것이 있었다.

'모드를 다시 만나면 이걸 어떻게 설명하지?'

그는 잠시 죄의식을 느꼈지만 곧 잊어버렸다.

'분명 그녀는 아랑곳하지 않을 거야. 결국 이들은 전자일 뿐이잖아?'

"당신이 떠난 저 원자는 왜 가버리지 않는 거죠? 당신이 돌아오길 바라는 건가요?"

그의 짝이 입을 삐죽이며 물었다.

원자가전자를 잃은 나트륨 원자가 정말 염소 원자에 바투 달라붙어 있었다. 마치 탐킨스 씨가 마음을 바꾸어 외로운 궤도로 돌아와 주기만 바라는 것 같았다.

"왜 이러는 거야? 이런 심술궂은 원자를 보았나!"

탐킨스 씨는 자기를 그토록 냉대한 원자를 노려보며 버럭 화를 냈다.

"아, 저 원자는 늘 그래요."

M껍질의 노련한 전자가 말했다.

"당신을 정말로 필요로 하는 것은 나트륨 원자의 전자 공동체가 아니라, 나트륨 원자핵이랍니다. 중심의 원자핵과 주변 전자들은 늘 얼마간은 마음이 맞지 않아요. 원자핵은 자신의 전하로 가능한 한 많은 전자를 붙들고 있으려고 하지만, 전자들은 껍질을 완성할 수 있는 최소한의 개수만 선호하거든요.

독일 화학자들이 '희귀한 가스' 혹은 '고상한 가스'라고 일컫는 몇 가지 원자가 있는데, 그것들만큼은 중심 원자핵과 주변 전자들의 마음이 완전히 일치한답니다. 예를 들어 헬륨과 네온, 아르곤 같은 원자가 바로 그것인데, 그것들은 스스로 아주 만족해하기 때문에 전자를 내쫓거나 새 전자를 맞아들이는 일이 없지요. 화학적으로 불활성인 이들 원자는 다른 원자들과 거리를 둔답니다.

그러나 그 밖의 다른 모든 원자는 전자 공동체가 늘 구성원을 교체하려고 하지요. 당신이 떠난 나트륨 원자의 경우, 원자핵은 껍질의 조화에 필요한 것보다 하나 더 많은 전자를 거느릴 수 있는 전하를 지니고 있어요. 반면에 우리 염소 원자의 경우에는, 정상적인 전자의 개수로는 완전한 조화를 이룰 수가 없어요. 그래서 우리는 당신이 온 것을 환영한 거예요. 당신의 존재가 우리 원자핵에는 부담이 되지만 말예요.

하지만 당신이 이곳에 있는 한, 우리 원자는 중립 상태에서 벗어나 추가 전하를 갖게 돼요. 그래서 당신이 떠난 나트륨 원자는 전기적 인력에 붙들려서 우리 원자 곁에 대기하게 되지요. 위대한 수도사이신 파울리니 신부의 말씀에 따르면, 전자가 많은(혹은 부족한) 전자 공동체를 음이온(혹은 양이온)이라고 한대요. 그리고 이렇게 전기력으로 결속된 두 개 이상의 원자 그룹을 '분자'라고 한대요. 나트륨과 염소가 결합된 우리 경우에는 뭐라더라? '식탁용 소금' 분자라던가?"

"식탁용 소금이 뭔지도 몰라요?"

탐킨스 씨는 대화 상대가 전자라는 것도 잊어버리고 한마디했다.
"그거 왜, 아침식사로 먹는 스크램블드 에그에 뿌리는 거 있잖아요."
"스크램—블드에그? 그게 뭔데요?"
어리둥절한 전자가 물었다.

탐킨스 씨는 침을 튀기며 설명을 하다가, 인간의 가장 단순한 일상사조차 설명해 주기가 어렵다는 것을 깨달았다.

'나도 원자가전자라는 말을 잘 모르니 피장파장이로군.'

그렇게 속으로 중얼거리던 탐킨스 씨는 개념을 이해하려고 고민할 필요 없이 멋진 세계를 즐기기나 해야겠다고 마음먹었다. 그러나 수다스러운 전자를 피하기가 쉽지 않았다. 그 전자는 기나긴 전자 생활을 하는 동안 축적한 모든 지식을 그에게 전수하고 싶어 안달이었다.

"그렇지만 말예요."

전자가 계속해서 말했다.

"원자가 분자로 결합하는 것이 항상 하나의 원자가전자 때문이라고 생각하면 곤란해요. 예를 들어 산소 같은 원자는 전자가 두 개나 부족해요. 세 개 이상이 부족한 원자들도 있고요. 반면에 두 개 이상의 여분의 전자 즉 원자가전자를 가지고 있는 원자들도 있어요. 이런 원자들이 서로 만나면 꽤 많은 이탈과 결합이 이루어지죠. 그래서 수천 개의 원자로 구성된 아주 복잡한 분자가 만들어지는 거예요. 또 '동극 *homopolar*' 분자라는 것도 있는데, 이건 동일한 두 개의 원자로 이루어진 분자예요. 이 경우에는 상황이 아주 불쾌하죠."

"불쾌하다니요? 왜?"

탐킨스 씨가 다시 흥미를 느끼며 물었다.

"한데 묶여 있기가 너무 힘이 드는 거예요. 얼마 전에 나도 그런 일을 겪었는데, 그런 분자로 남아 있는 동안 자유 시간이라고는 눈곱만큼도 없었어요. 여기서는 전혀 그렇지 않지만요. 여기서 원자가전자는 신나게 즐기고, 전기적으로 굶주리고 버림받은 원자가 곁에서 어슬렁거리든 말든 아랑곳하지 않잖아요? 하지만 동극분자에서는 어림도 없지요. 동일한 원자 두 개가 결합 상태를 유지하려면 원자가전자가 이리저리 오락가락하며 죽어라고 뛰어야 해요. 거기서는 마치 탁구공 신세 같다니까요."

탐킨스 씨는 스크램블드 에그가 뭔지 모르는 전자가 탁구공은 안다는 게 희한했지만, 그냥 모른 체했다.

"다시는 그런 일을 떠맡지 않을 거예요! 여기 있는 게 여간 편하지 않거든요."

게으른 전자는 괴로웠던 추억에 진저리를 치며 말했다.

"앗!"

그 전자가 느닷없이 외쳤다.

"더 좋은 곳으로 갈 수 있을 것 같아요. 그럼, 아―아―아―안―녕!"

그리고 전자는 성큼 도약해서 원자의 안쪽으로 돌진했다.

말상대가 떠나버린 쪽을 바라본 탐킨스 씨는 무슨 일이 일어났는지 알 것 같았다. 외부에서 난데없이 원자 안으로 침투한 초고속 전자 때문에, 안쪽 궤도의 전자 하나가 원자 바깥으로 튕겨나가 'K' 껍질 속의 안락한 자리가 비게 된 모양이었다.

탐킨스 씨는 자기가 그 자리를 차지하지 못한 것이 못내 아쉬웠다. 그는 조금 전까지 대화를 나누던 전자가 움직이는 방향을 계속 지켜보았다. 행복한 그 전자는 점점 더 깊숙이 원자 내부로 파고들었고, 밝은 광선이 그의 득의의 비행을 뒤따랐다. 이윽고 그 전자가 내부 궤도에 도착하자, 거의 견딜 수 없을 만큼 밝은 광채도 사라졌다.

"그게 뭐였지? 왜 그토록 찬란히 빛난 걸까?"

뜻밖의 현상에 눈이 부신 탐킨스 씨가 혼자 중얼거렸다.

"아, 그건 그저 전자가 전이할 때 방출되는 X선이에요."

어리둥절해 하는 탐킨스 씨에게 미소를 지으며, 같은 궤도를 돌고 있던 전자가 설명해 주었다.

"전자가 원자 내부로 파고드는 데 성공할 때마다 남는 에너지가 복사 형태로 방출되는 거죠. 저 운 좋은 친구는 아주 크게 도약을 했기 때문에 많은 에너지를 방출했어요. 여기 원자의 외곽에서는 살짝 도약해 들어가는 것만으로도 여간 운이 좋은 게 아닌데, 그럴 경우에 나오는 빛은 '가시광선'(사람이 볼 수 있는 파장을 가진 광선. 보통 가시광선의 파장 범위는 3,800~8,000옹스트롬—옮긴이주)이라고 해요. 파울리니 신부가 가르쳐준 말이지만."

"하지만 그 X선이라는 것도 내 눈에 보이기는 마찬가지였으니까 그 용어는 좀 잘못된 것 아닌가요?"

탐킨스 씨가 따졌다.

"우리는 전자이기 때문에 어떤 형태의 복사에도 아주 민감해요. 파울리니 신부 말에 따르면, '인간'이라는 아주 거대한 존재가 있다는데, 인간은 좁은 영역의 파장을 가진 복사만 볼 수 있다더군요. 뢴트겐이라는 위대한 인간이 X선을 발견해서 지금은 '의학'이라는 데에 널리 쓰고 있다는 말을 들었어요."

"아, 그래요. 그거라면 나도 꽤 알죠. 그것에 대해 가르쳐드릴까요?"

탐킨스 씨는 마침내 자기도 아는 척할 수 있는 기회가 온 것을 뿌듯해하며 말했다.

"사양하겠어요."

전자가 하품을 하며 말했다.

"그런 건 관심 없어요. 당신은 입을 다물고 있으면 불행한가요? 어디 한번 나를 잡아봐요!"

아주 오랫동안 탐킨스 씨는 다른 전자들과 함께 공중제비를 하며 날아다니는 유쾌한 기분을 만끽했다. 그러다가 불현듯 머리칼이 곤두서는 느낌이 들었다. 전에 산속에서 폭풍우를 만났을 때와 같은 느낌이었다. 강한 전기적 교란이 닥쳐오고 있는 게 분명했다. 그러면 곧 전자운동의 조화가 깨지고, 전자들이 정상 궤도에서 크게 이탈할 것이다. 인간 물리학자의 관점에서 보면 그것은 단지 자외선이 원자를 통과하는 것에 지나지 않았지만, 작은 전자들에게는 그것이 소름끼치는 전기 폭풍이었다.

"꽉 잡아요!"

동료 전자가 탐킨스 씨에게 외쳤다.

"안 그러면 광전효과 때문에 튕겨나갈 거예요!"

그러나 이미 너무 늦었다. 탐킨스 씨는 엄청난 속도로 내팽개쳐졌다. 마치 강력한 두 손가락이 그를 튕겨낸 것만 같았다. 숨도 제대로 쉬지 못한 채 아득히 먼 공간으로 날아갔다. 그는 각각의 전자를 알아볼 수 없을 정도로 너무나 빠르게 온갖 종류의 다른 원자를 스쳐 지나갔다. 그때 갑자기 커다란 원자가 앞에 나타났다. 충돌을 피할 수가 없었다.

"죄송합니다만, 광전효과 때문에 어쩔 수가…."

정중하게 말을 꺼냈지만 미처 말을 마치기도 전에 귀청이 찢어질 것 같은 굉음과 함께 바깥쪽 전자와 정면으로 충돌했다. 둘은 거꾸로 뒤집어진 채 나뒹굴었다. 그러나 탐킨스 씨는 충돌로 인해 거의 속도를 잃은 탓에, 새로운 주위 환경을 좀더 자세히 살펴볼 수 있었다. 주위에 우뚝 솟은 원자들은 여태껏 본 것들보다 훨씬 더 컸다. 그 원자들 속에는 전자가 29개나 들어 있었다. 탐킨스 씨가 물리학을 조금만 더 알았더라면 그것이 구리 원자라는 걸 알아차렸을 것이다. 그러나 가까이에서는 전혀 구리 같지 않았다. 원자들은 끝이 보이지 않을 정도로 멀리까지 서로 밀착해서 일정한 형태를 이루고 있었다.

그러나 탐킨스 씨를 더욱 놀라게 한 것은, 그 원자들이 전자 정족수에 대해 아랑곳하지 않는 것 같다는 것이었다. 외곽 전자에는 특히 무심해서, 실제로 외곽 궤도가 텅 비어 있었고, 무소속 전자 떼거리들이 이따금 한가롭게 몰려와서 잠시 머물다 가곤 했다. 맹렬하게 날아온 탓에 피곤해진 탐킨스 씨는 구리 원자의 안정된 궤도에서 잠깐 쉬려고 했다. 그러나 곧 방랑자 같은 전자들의 분위기에 휩쓸려, 정처 없는 운동을 하고 있는 다른 전자들과 합류했다.

"여긴 조직이 엉성하기 짝이 없군."

탐킨스 씨는 혼자 중얼거렸다.

"자기 일을 제대로 하지 않는 전자들이 너무 많아. 파울리니 신부가 이걸 보면 가만있지 않을 거야."

"내가 왜?"

느닷없이 나타난 신부의 친근한 목소리가 들렸다.

"이 전자들은 내 계율을 어기고 있는 게 아니야. 게다가 이들은 아주 유익한 일을 하고 있지. 모든 원자가 자기 전자들을 붙들고 있기만 하면 전도 현상은 일어나지 않을 거야. 그렇게 된다면 집에 전등이나 전화를 설치하지 못하는 것은 물론이고 초인종도 달지 못해."

"아, 그러니까 이들 전자가 전류를 실어 나른다는 말인가요?"

탐킨스 씨는 제발 자기가 조금은 아는 얘기를 나누게 되기만 바라며 물었다.

"하지만 이들이 특정 방향으로 움직이는 것 같지는 않은데요."

"여보게, '이들'이라고 하지 말고 '우리'라는 말을 쓰도록 해. 자네도 전자니까. 누군가 이 구리선에 연결된 버튼을 누르는 순간, 전기적

즐거운 전자 공동체

긴장이 일어나 자네와 다른 모든 전도 전자들이 달려가게 될 거야. 가정부를 부른다거나 다른 필요한 일을 하려고 말이야."

"하지만, 나는 달려가고 싶지 않아요!"

탐킨스 씨가 약간 성난 목소리로 단호하게 말했다.

"사실 이제 전자 노릇을 하는 것도 넌더리가 나고, 재미도 없어요. 영원히 이런 전자 임무만 수행하면서 살아야 한다면 비참할 거예요!"

"반드시 영원히는 아니야."

파울리니 신부는 일개 전자가 감히 말대꾸를 하는 게 불쾌하다는 듯이 말했다.

"자네가 파괴되어 더 이상 존재하지 않을 가능성은 언제나 있거든."

"파-파-파괴?"

탐킨스 씨는 등골이 오싹한 것을 느끼며 되뇌었다.

"전자는 영원한 줄 알았는데요?"

"물리학자들은 아주 최근까지만 해도 그렇게 생각했지."

파울리니 신부는 탐킨스 씨의 겁먹은 표정을 즐기며 고개를 주억거렸다.

"하지만 그건 사실이 아니야. 전자도 태어나고 죽을 수 있어. 인간처럼. 물론 늙어서 죽는 것은 아니지. 오직 충돌 때문에 죽는 거야."

"그렇다면 나도 조금 전에 꽤 강하게 충돌했는데요. 그랬는데도 말짱한 걸 보면 좀 이상하군요."

탐킨스 씨가 다소 마음을 놓으며 말했다.

"중요한 건 충돌의 강도가 아니야."

"그럼 뭐가 중요하다는 거죠?"

"충돌 상대가 누구였는지가 중요하지. 자네가 아까 충돌한 건 틀림없이 음전자였을 거야. 자네와 아주 비슷한 전자와 충돌하면 위험할 게 없지. 암컷을 차지하려고 두 마리 숫양이 몇 년 동안 서로 머리를 들이받아도 크게 다치지는 않는 것처럼 말이야. 그런데 혈통이 다른 양전자라는 게 있어. 물리학자들이 최근에 발견한 이 양전자의 생김새는 자네와 똑같아. 다만 전하가 음이 아닌 양이라는 것만 다르지. 자네는 양전자를 만나면 같은 종족인 줄 알고 환영하기 십상이야. 그런데 이 친구는 다른 음전자들처럼 충돌을 피하기 위해 자네를 살짝 밀어내는 게 아니라, 아주 확 잡아당겨 버리지. 그러면 전자 인생도 끝장이야."

"섬뜩하군요! 하나의 양전자가 불쌍한 음전자를 얼마나 많이 잡아먹나요?"

"다행히 하나만 잡아먹지. 음전자를 파괴하면서 자신도 파괴되어 버리니까. 말하자면 양전자는 동반 자살을 꿈꾸는 일종의 자살 특공대인 셈이야. 양전자끼리는 서로 해치지 않지만, 음전자가 걸리는 날에는 살아날 가망이 없어."

"그런 괴물을 만나지 않아 천만다행이로군요. 그들은 숫자가 많지 않겠죠?"

"그래. 늘 문제만 일으키는데다가 태어나자마자 곧 사라지니까. 잠

즐거운 전자 공동체

깐만 기다리면 자네에게 한 놈쯤 보여줄 수도 있는데."

"그래, 바로 저거야."

파울리니 신부가 잠시 입을 다물고 있다가 말했다.

"저기 있는 무거운 원자핵을 잘 살펴보게. 양전자가 태어나는 것을 볼 수 있을 거야."

신부가 가리킨 원자는 외부에서 맹렬하게 침투한 복사 때문에 강한 전자기 교란을 겪고 있었다. 염소 원자에서 탐킨스 씨를 몰아낸 교란보다 훨씬 더 강력했다. 원자핵을 둘러싼 전자들은 태풍에 휘말린 낙엽처럼 뿔뿔이 흩날렸다.

"원자핵을 잘 살펴봐."

파울리니 신부가 말했다.

탐킨스 씨는 파괴된 원자의 중심부에서 발생하는 아주 특이한 현상을 골똘히 지켜보았다. 원자핵 인근의 안쪽 전자껍질에서 두 개의 희미한 그림자가 차츰 모습을 갖추었다. 1초 후, 완전히 새로운 두 개의 전자가 태어나 빛을 발하며 맹렬한 속도로 자리를 이탈했다.

"전자가 두 개인데요."

그 모습에 매료된 탐킨스 씨가 말했다.

"그래. 전자는 언제나 쌍으로 태어나지. 그러지 않으면 전하의 에너지 보존 법칙에 위배되니까. 원자핵을 때린 강력한 감마선의 영향으로 태어난 저 전자들 가운데 하나는 평범한 음전자인데, 다른 하나는 킬러 양전자야. 이제 저 놈은 희생양을 찾아 나섰어."

"양전자가 생길 때마다 보통의 전자가 함께 생긴다니 다행이네요. 적어도 전자의 씨가 마르는 일은 없을 테니까. 그리고 내가…."

"조심해!"

파울리니 신부가 탐킨스 씨를 옆으로 떠밀었다. 그 양전자가 옆을 스쳐 지나갔던 것이다.

"저 킬러 입자가 주위에 있을 때는 그저 몸조심하는 게 상책이야. 그리고 보니 자네와 너무 오래 얘기를 나눈 것 같군. 그렇잖아도 할 일이 많은데. 이제 슬슬 내가 아끼는 '중성미자'를 찾아봐야겠어."

그리고 신부는 사라져 버렸다. 중성미자가 무엇인지, 그것도 무서운 것인지, 아무것도 모른 채 혼자 남겨진 탐킨스 씨는 더욱 외로워졌다. 혼자 떠돌아다니는 여행길에 동료 전자가 다가오면, 혹시나 저 순진한 겉모습 뒤에 킬러의 흑심을 감추고 있을지도 모른다는 생각에 섬뜩하면서도, 차라리 그래서 어서 죽기라도 했으면 싶을 정도로 사무치게 외로웠다. 그러는 동안 몇 세기가 흐른 것만 같았다. 그가 두려워한 일도 바란 일도 일어나지 않았다. 그래서 그는 비록 지겹기는 하지만 전도 전자의 임무를 기꺼이 수행하기로 했다.

전혀 예상치 않은 순간, 갑자기 일이 터지고 말았다. 뼈저린 외로움 때문에 누구에게든, 우둔한 전도 전자에게라도, 말을 걸고 싶은 충동에 사로잡힌 탐킨스 씨는 아주 천천히 움직이는 한 입자에게 다가갔다. 구리선에 처음 진입한 신참 전자인 게 분명했다. 그러나 아주 멀리 떨어진 곳에서도 탐킨스 씨는 상대를 잘못 골랐다는 것을 알았다. 뿌리칠 수 없는 강력한 인력이 그를 끌어당기고 있었던 것이다. 물러서는 것이 불가능했다.

잠시 몸부림치며 달아나려고 했지만, 거리가 점점 좁혀졌다. 그를 사로잡은 전자의 얼굴에 떠오른 악마 같은 미소가 눈에 들어왔다.

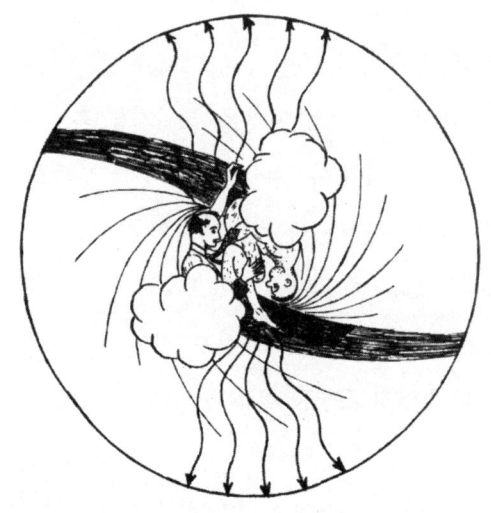

"놔! 놓으란 말이야!"

탐킨스 씨는 있는 힘을 다해 발길질을 하고 팔을 버둥거리며 버럭버럭 소리를 질러댔다.

"나는 파괴되고 싶지 않아. 나는 영원히 전류를 전도할 거야!"

그러나 아무 소용이 없었다. 갑자기 주위 공간이 강력한 복사의 섬광에 휩싸였다.

'이제 죽었구나.' 탐킨스 씨는 생각했다.

'그런데 어떻게 아직도 내가 생각을 할 수 있지? 육신만 파괴되고 영혼은 양자 천국에 온 것일까?'

 그러다 그는 새로운 힘이 다가오는 것을 느꼈다. 이번에 다가온 힘은 좀더 부드러웠지만, 그를 단호하게 흔들었다. 순간 번쩍 눈을 뜬 탐킨스 씨는 대학 수위를 알아보았다.

 "죄송합니다만, 강의가 끝난 지 오래됐어요. 이제 강당 문을 닫아야 합니다."

 탐킨스 씨는 하품을 삼키며 멋쩍어했다.

 "밤길 조심하시오."

 수위가 따뜻한 미소를 지어보이며 말했다.

탐킨스 씨가 졸다가 듣지 못한 앞강의

1808년에 영국의 화학자 존 돌턴이 입증한 배수비례의 법칙에 따르면, 복잡한 화합물을 구성하는 데 필요한 화학원소들의 상대적 비례는 언제나 정수 비율로 나타낼 수 있습니다.

이러한 경험적 법칙을 그는 이렇게 해석했습니다. 즉, 모든 복합 물질은 간단한 화학원소들이 다양하게 결합해서 탄생한다는 것입니다. 중세 연금술사들이 한 원소를 다른 원소로 바꾸지 못한 것도 이들 입자가 더 이상 쪼개질 수 없다는 증거로 여겼습니다. 그래서 주저 없이 이 입자에 '원자'라는 이름을 붙여주었던 것입니다. 일단 이렇게 명명되자 원자라는 이름이 굳어지고 말았지요. 우리는 '돌턴의 원자'가 더 쪼개질 수 있으며, 그보다 더 작은 무수한 입자들로 이루어져 있음을 알고 있으면서도 이런 잘못을 눈감아주고 있습니다.

현대물리학이 생각하는 '원자'라는 물체는 고대 그리스의 철학자 데모크리토스가 상상했던 물질의 최소 단위가 아닙니다. '돌턴의 원자'는 사실상 전자나 양성자 등으로 이루어져 있으니 원자라는 명칭은 이런 전자나 양성자에 붙이는 게 타당할 것입니다. 그러나 명칭을 다시 바꾼다면 커다란 혼란이 생길 테니 물리학계에서는 이 언어적 모순을 눈감아줄 수밖에 없지요. 그래서 우리는 돌턴식 의미의 '원자'라는 옛 이름을 그대로 유지하면서, 전자나 양성자 등에 대해서는 '소립자 *elementary particle*'라는 이름을 붙여주게 되었습니다.

소립자(기본 입자)라는 말을 쓴다는 것은 물론 우리가 데모크리토스의 뜻대로 이들 더 작은 입자가 진짜로 기본적이고 더 이상 쪼갤 수 없다고 믿고 있음을 뜻합니다. 하지만 앞으로 과학이 더욱 발전해서 이 소립자보다 더 작은 단위가 발견될 수도 있지 않을까요? 물론 그런 발견이 절대로 일어나지 않는다는 보장은 없습니다. 그러나 현재로서는 소립자가 최소 단위라고 믿는 데에는 여러 가지 타당한 이유가 있습니다.

사실 자연에는 92가지의 원자(92개의 서로 다른 화학원소)가 있고 이들은 저마다 다른 복잡한 특성을 지니고 있습니다. 이처럼 원자를 92가지로 확정짓고 보니 복잡한 자연계를 좀더 기본적인 모습으로 단순화하게 되었지요.

한편, 오늘날의 물리학은 몇 개의 서로 다른 소립자들만 인정하고 있습니다. 전자, 핵자, 중성미자가 바로 그것입니다. 전자는 음전하와 양전하를 가진 가벼운 입자며, 핵자는 전자보다 훨씬 무거운 입자로서, 양전하를 가진 양성자와 전하가 없는 중성자로 이루어져 있고, 중성미자는 아직 성질이 완전히 밝혀지지 않았습니다.

이들 소립자의 성질은 아주 간단해서 더 이상 단순화하기 어렵습니다. 게다가 세 개 정도의 기본 입자는 그리 많은 것도 아닙니다. 여러분이 무슨 생각을 하더라도 항상 예닐곱 개의 기본 개념은 필요하다는 것을 생각해보면 그게 많지 않다는 것을 아실 수 있을 것입니다. 그래서 현대물리학에서 명명한 소립자라는 이름은 끝까지 유지될 거라고 저는 장담할 수 있습니다.

이제 소립자들이 돌턴의 원자를 만들어내는 방식을 살펴볼까요? 이 문제에 대한 최초의 정답은 1911년에 유명한 영국 물리학자 어니스트 러더퍼드 *Ernest Rutherford*(나중에 러더퍼드 오브 넬슨 경이 된 물리학자)가 내놓았습니다. 그는 알파 입자라고 알려진 고속의 미세한 투사물 *projectile*(이후 투사입자로 번역—옮긴이주)로 다양한 원자를 때려서 원자 구조를 연구했습니다. 이 알파 입자는 방사능 원소의 붕괴 과정에서 방출되는 것입니다. 러더퍼드는 투사입자가 물질의 한 부분을 통과할 때 보이는 산란 현상을 관찰했지요. 그의 결론에 따르면, 모든 원자는 아주 조밀한 양전하의 중심핵(원자핵)을 갖고 있으며, 그 주위는 음전하의 성긴 구름(원자의 대기권)으로 둘러싸여 있습니다.

우리는 오늘날 원자핵이 핵자라고 불리는 양성자와 중성자로 이루어져 있음을 알고 있습니다. 이들 핵자는 강력한 응집력으로 결속되어 있지요. 원자의 대기권이라는 것은, 원자핵이 지닌 양전하 때문에 정전기적 인력을 받으며 핵 주위를 도는 음전자로 이루어져 있습니다. 이 원자의 대기권을 형성하는 전자들의 개수가 몇 개인가에 따라 원자의 모든 물리 화학적 특성이 결정됩니다. 그리고 이 전자의 개수는 화학원소의 종류에 따라 한 개(수소)부터 92개(가장 무거운 원소인 우라늄)까지 다양합니다.

원자 모형에 대한 러더퍼드의 설명은 이처럼 간단합니다. 그러나 자세히 살펴보면 결코 간단한 것이 아닙니다. 사실 고전물리학 이론에 따르면 원자핵 주위를 돌고 있는 음전하 전자는 전자기파를 방출하면서 운동 에너지를 잃어야 합니다. 전하를 띤 물체가 가속되면 전자기파를 방출하지 않을 수 없으니까요. 그렇게 계속 에너지를 잃는다면 원자의 대기권을 형성하는 모든 전자는 순식간에 원자핵 속으로 빨려들 수밖에 없습니다. 이 고전물리학적 설명은 언뜻 보기에 매우 논리적이지만, 경험적으로 밝혀진 사실과는 전혀 다릅니다. 원자는 그처럼 불안정한 것이 아니라 실제로는 매우 안정되어 있지요. 또한 원자 속 전자들은 원자핵 속으로 빨려드는 것이 아니라 무한정 원자핵 주위를 돌고 있습니다.

따라서 고전역학의 기본 개념과 원자 세계의 역학적 행동을 실제로 연구한 자료 사이에는 뿌리 깊은 갈등이 자리 잡고 있음을 알 수 있습니다. 이러한 사실에 덴마크 물리학자 닐스 보어는 수 세기 동안 자연과학 체계에서 독점적인 지위를 차지해온 고전역학에 문제가 있다는 것을 알게 되었지요. 고전역학은 우리가 일상적으로 경험하는 거시 세계에서는 타당한 이론이지만, 다양한 원자 속 미시 세계의 운동에 대해서는 결점이 많은 이론인 것입니다. 보어는 원자 내부의 운동에도 적용 가능한 새로운 역학 체계를 탐구하다가 다음과 같은 가정을 내놓았습니다.

고전 이론에서 다룬 무한한 종류의 운동 가운데, 사실상 특별히 선택된 몇 종류의 운동만 자연계에서 발생할 수 있다.

이처럼 특별히 허용된 유형의 운동 또는 궤도는 보어 이론 가운데 양자 조건이라고 알려진 수학적 조건에 따라서 선택됩니다.

이 자리에서 양자 조건을 자세히 설명 드리지는 않겠지만, 꼭 짚고 넘어가야 할 것이 있습니다. 양자 조건이 규정하는 모든 제한 조건은, 움직이는 입자의 질량이 원자 규모의 질량보다 훨씬 클 경우 아무런 의미가 없다는 것입니다. 따라서 거시 물질에 적용할 경우, 이 **미시역학**은 고전역학과 똑같은 결과를 나타냅니다(이것을 보어의 **대응원리**라고 합니다). 고전역학과 미시역학이 서로 일치하지 않는 것은 미소한 원자 구조의 경우뿐이지요.

더 어려운 얘기는 접어두고, 보어 이론의 관점에서 원자 구조에 대한 여러분의 호기심을 풀어드리도록 하겠습니다. 먼저 원자 속의 양자 궤도를 보여주는 보어 다이어그램을 보여드리지요. (슬라이드를 비춰주세요!)

이 슬라이드는 확대된 원형과 타원형 궤도를 보여주고 있는데, 이것은 보어의 양자 조건에 따라 원자 주변의 전자들에게 '허용된' 유일한 형태의 운동입니다. 이와 달리 고전역학에서는 전자가 **아무런 제약**

이렇게 하여 우리는 수소 원자 속 전자에게 허용된 양자 궤도를 나타내는 보어 조머펠트의 모형도를 얻게 됩니다.

없이 원자핵으로부터 임의의 거리를 마음대로 움직인다고 보았고, 궤도의 이심률 *eccentricity*, 즉 궤도가 늘어나는 데도 아무런 제약이 없다고 보았습니다. 하지만 보어는 양자 조건에 따라 선택된 궤도들만이 존재할 수 있다고 생각했고, 불연속적으로 띄엄띄엄 위치한 이 궤도들은 엄격히 정해진 특성을 지니고 있다고 보았습니다. 궤도 옆의 숫자와 문자는 일반 분류법에 따라 표시한 궤도의 이름, 즉 궤도의 특성을 나타냅니다. 예를 들어 숫자가 클수록 궤도 지름도 그만큼 더 커집니다.

보어의 원자 구조 이론은 원자와 분자의 다양한 속성을 아주 잘 설명해 주지만, 불연속적인 양자 궤도라는 기본 개념은 다소 애매합니다. 우리가 고전역학 이론의 이런 이례적인 제한 조건을 더 깊이 분석하면 할수록 전체 구도는 점점 더 애매해집니다.

결국 보어 이론의 취약점이 밝혀졌는데, 그 이론은 고전역학을 근본적으로 **탈바꿈시킨** 것이 아니라, 고전역학적 관점에서는 아주 낯선 새로운 조건을 부가함으로써 결론을 단지 **제한한** 것이었습니다.

이 문제에 대한 전면적인 해결은 13년 후 '파동역학'이라는 형태로 등장하게 됩니다. 이 이론은 새로운 양자 원칙에 따라 고전역학의 전체 기초를 바로잡았지요. 파동역학의 이론 체계는 얼핏 보기엔 보어의 이론보다 훨씬 더 황당했지만, 이 새로운 미시역학은 오늘날 이론 물리학의 통설이 되었습니다. 새 역학의 근본 원리 가운데 '불확정성'과 '퍼지는 궤도'는 지난번 강의에서 언급한 바 있으니 기억을 되살려 보시기 바랍니다.

자, 그러면 다시 원자 구조 얘기로 돌아갑시다. (다음 슬라이드를 비춰 주세요.) 이 다이어그램은 파동역학 이론에 따라 '퍼지는 궤도'의 관점에서 원자 내 전자의 움직임을 그려놓은 것입니다. 이 그림은 처음 보여드린 다이어그램에서 고전적으로 나타낸 운동 유형과 동일한 운동을 나타낸 것입니다. 다만 기술적인 이유로 앞의 슬라이드에서 한데 합쳐놓은 운동 궤도를 이렇게 따로 그려 놓았다는 것만 다를 뿐입니다. 보어 이론에서는 운동 궤도의 윤곽이 뚜렷했는데 비해, 이 다이어

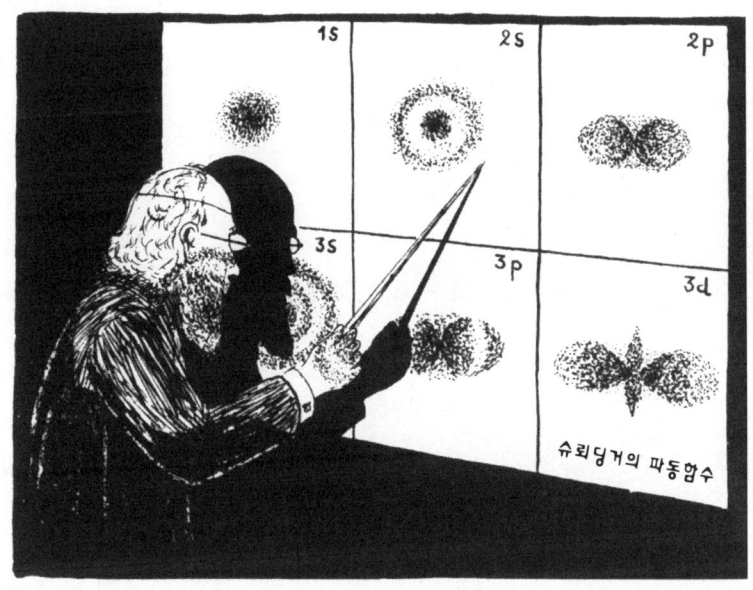

그림에서는 근본적인 **불확정성 원리**에 따라 궤도가 퍼져 있습니다. 각기 다른 운동 상태를 표시하는 기호는 앞의 다이어그램과 같습니다. 따라서 약간의 상상력을 동원해서 두 그림을 비교해보면, 구름 같이 생긴 형태가 보어 궤도의 일반적인 특징을 잘 드러내고 있음을 알 수 있습니다.

이들 다이어그램은 양자가 작용할 때 고전역학의 운동 궤도에 무슨 일이 일어나는지를 잘 보여줍니다. 일반인들에게는 이 그림들이 막연해 보일지 모르지만, 원자의 미시 세계를 연구하는 과학자들은 아무 어려움 없이 이런 그림을 받아들입니다.

지금까지 원자 속 전자들의 운동 상태에 대해 간단히 말씀드렸습니다. 이번에는 가능한 운동 상태에 따른 전자들의 수적 분포를 살펴보기로 합시다. 이것은 대단히 중요한 문제입니다. 거시 세계에서는 대단히 낯선 새로운 원칙을 만나게 되니까요. 이 원칙을 처음 내놓은 사람은 나의 젊은 친구인 볼프강 파울리 *Wolfgang Pauli*입니다. 파울리는 이렇게 주장했습니다.

원자 속 전자 공동체에서는 두 전자가 동시에 같은 유형의 운동을 할 수 없다.

만약 고전역학에서 주장한 것처럼, 가능한 운동 상태가 무한하다면 이런 제한 원칙은 별로 중요하지 않았을 것입니다. 그러나 양자 법칙으로 인해 '허용된' 운동 상태의 수가 급격히 감소되었기 때문에, 파울리의 원칙은 원자 세계에서 아주 중요한 역할을 하게 됩니다. 이 원칙 때문에 전자는 원자핵 주위에 어느 정도 고르게 흩어져 있으며, 어느 한 곳으로 몰리지 않게 됩니다.

그러나 새 원칙이 이렇다고 해서, 이 다이어그램에 표시된 운동의 양자 상태 각각에 전자가 딱 하나만 들어 있다고 생각해서는 안 됩니다. 사실, 전자는 궤도를 따라 움직인다는 것과는 별개로, 자신의 축을 중심으로 자전하고 있지요. 따라서 두 개의 전자가 같은 궤도를 돈다고 하더라도 서로 다른 방향으로 자전한다면 파울리의 원칙은 여전히 유효합니다. 전자의 스핀에 관한 연구는 지금 상당히 진전되어, 전자의 자전 속도가 언제나 일정하며, 자전축의 방향이 언제나 궤도면과 수직을 유지하는 것으로 알려졌습니다. 이 경우 전자의 회전 방향은 '시계 방향'과 '시계 반대 방향' 두 가지밖에 없습니다.

따라서 원자 내의 양자 상태에 적용되는 파울리 원칙은 다음과 같이 정리될 수 있습니다.

각 운동의 양자 상태는 두 개 이하의 전자로 채워질 수 있으며, 전자가 두 개인 경우 두 전자의 스핀은 반대 방향이어야 한다.

따라서 더욱 많은 개수의 전자를 거느린(원자번호가 큰) 원자 쪽으로 갈수록 더욱 다양한 양자 상태가 존재하며, 이에 따라 원자의 지름도 커지게 됩니다. 이와 관련하여 덧붙이고 싶은 말이 있습니다. 서로 다른 양자 상태의 전자들은, 그들이 가진 결합 에너지 크기에 따라, 거의 같은 정도의 결합 에너지를 가진 무리끼리 별도의 껍질을 형성할 수 있습니다. 원자가 거느린 전자 개수에 따라 가장 에너지가 낮은 안쪽 궤도부터 차례로 한 껍질이 채워진 다음 다른 껍질이 채워집니다. 이렇게 차례대로 전자껍질이 채워지기 때문에, 원자의 속성이 주기적으로(차례대로) 변하는 것입니다. 이것이 바로 저 유명한 원소의 주기율인데, 실험을 해서 이런 특성을 처음 발견한 사람이 러시아의 화학자 드미트리 멘델레예프 *Dimitrij I. Mendeleyev*였습니다.

원자핵의 내부

탐킨스 씨가 참석한 다음 강의는, 원자 속 전자의 회전축이 되는 원자핵 내부에 관한 것이었다.

신사 숙녀 여러분!

물질의 구조를 점점 더 깊이 파고들다 보니 이제 원자핵 내부에 이르게 되었습니다. 원자핵은 원자 전체 부피의 1조 분의 1밖에 차지하지 않는 신비한 지역입니다. 이처럼 아주 작은 부분에 불과하지만 그 안에서는 아주 활발한 활동이 일어납니다. 원자핵은 사실 원자의 심장이며, 크기는 작아도 무게는 전체 원자의 **99.97%**를 차지하고 있습니다.

원자핵을 둘러싸고 있는 전자구름을 뚫고 핵 안으로 들어가보면, 무엇보다도 그 안이 너무나 붐빈다는 것에 놀라게 될 것입니다. 전자는 평균적으로 자기 몸의 수십만 배에 달하는 거리를 여행하지만, 원자핵 안의 입자들은 서로 어깨를 맞대고 살아가고 있습니다.

원자핵 내부는 보통의 액체 내부와 흡사한데, 분자보다 훨씬 더 작은 **양성자**와 **중성자** 같은 소립자가 들어 있다는 점이 다를 뿐입니다. 양성자와 중성자는 서로 이름이 다르지만, 둘 다 '핵자'라고 부르는 무거운 소립자로서, 전하를 띠는 상태만이 다를 뿐입니다. 다시 말하면, 양성자는 양전하를 띤 핵자고, 중성자는 전기적으로 중성인 핵자입니다. 비록 발견되지는 않았지만 음전하를 띤 핵자가 존재할 가능성도 있습니다.

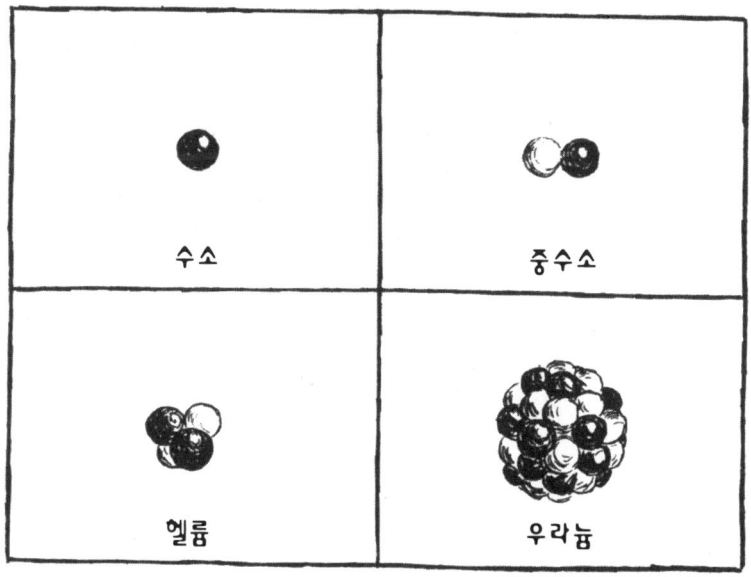

기하학적 수치로 따져보면 약 0.000,000,000,000,1cm의 크기를 가진 핵자는 전자와 그리 다르지 않습니다. 그러나 무게는 대단히 무거워

서 양성자나 중성자 하나가 전자 1,840개의 무게와 맞먹습니다. 이미 말씀드린 바와 같이 원자핵을 구성하는 입자는 서로 찰싹 달라붙어 있는데, 이것은 특별한 **핵 응집력**의 작용 때문입니다. 이건 액체 속의 분자들 사이에 작용하는 응집력과 비슷한 것이지요. 액체 속에서와 마찬가지로, 이 힘은 입자들이 서로 멀어지는 것을 막아주지만, 입자들이 상대적으로 위치 이동을 하는 것은 방해하지 않습니다. 따라서 핵 물질은 물처럼 흐르는 성질을 어느 정도 가지며, 외부 힘에 흐트러지지 않기 때문에 보통의 물방울처럼 구형을 띠고 있습니다.

이 모형도를 보시기 바랍니다(201쪽). 이것은 양성자와 중성자로 이루어진 서로 다른 원자핵의 모형도입니다. 가장 간단한 원자핵은 수소 원자핵인데, 단 하나의 양성자로 이루어져 있습니다. 가장 복잡한 것은 우라늄 원자핵인데, 92개의 양성자와 142개의 중성자로 이루어져 있지요. 이 모형도는 실제 상황을 아주 간략하게 그린 것임을 생각하시기 바랍니다. 실제로는 양자론의 불확정성 원리 때문에, 각 핵자의 위치는 원자핵 전역에 '퍼져' 있답니다.

이미 말씀드린 대로, 원자핵을 구성하는 입자들은 강력한 응집력으로 결속되어 있습니다. 그러나 이 힘 말고도 반대 방향으로 작용하는 힘도 있습니다. 사실 전체 원자핵 구성 요소의 절반을 차지하는 양성자는 양전하를 띠고 있기 때문에 쿨롱의 정전기력(전하가 같은 입자들끼리 서로 밀어내는 힘-옮긴이주)에 따라 서로 밀쳐냅니다. 전하가 비교적 작은 가벼운 원자핵의 경우에는 쿨롱 반발력이 의미가 없습니다.

그러나 전하가 큰 무거운 원자핵의 경우에는 쿨롱 반발력이 응집력과 다투게 됩니다. 이렇게 두 힘이 대항할 경우 원자핵은 불안정해지고, 일부 구성 요소를 바깥으로 방출합니다. 그 결과 주기율표의 끄트머리에 위치한 '방사성 원소'가 생겨나는 것입니다.

앞서 살펴본 반발력을 생각하면, 불안정한 원자핵이 방출하는 입자는 중성자가 아닌 양성자일 거라고 생각하기 쉽습니다. 중성자는 전하를 띠고 있지 않으니까 쿨롱 반발력의 적용을 받지 않을 것 같습니다. 그러나 실험 결과 실제로 방출된 입자는 소위 **알파 입자**(헬륨 원자핵)라는 것인데, 이것은 두 개의 양성자와 두 개의 중성자로 이루어진 복잡한 입자입니다. 이러한 결과가 나오는 것은 핵 구성 요소들이 무리 짓는 특별한 방식 때문이지요. 알파 입자를 형성하는 두 양성자와 두 중성자의 결합은 아주 안정되어 있습니다. 그래서 양성자와 중성자를 쪼개기보다 통째로 내보내는 것이 더 쉽습니다.

아시다시피 방사성 붕괴 현상을 처음 발견한 사람은 프랑스의 물리학자 앙리 베크렐 *Henri Becquerel*입니다. 그런 현상이 원자핵의 순간적인 붕괴 때문임을 밝혀낸 사람은 영국의 물리학자 러더퍼드 경이었습니다. 러더퍼드 경에 대해서는 앞에서도 말씀드렸지만, 원자핵 물리학의 새로운 경지는 주로 이 분이 개척한 것이지요.

알파 붕괴 과정의 대표적인 특징은 알파 입자가 원자핵으로부터 '탈출'하는 데 무척 오랜 시간이 걸린다는 것입니다. **우라늄**과 **토륨**의 경우에는 수십억 년이나 걸리는 것으로 알려져 있습니다. 좀 짧다고 하는 라듐도 약 1,600년이 걸립니다. 반대로 어떤 원소의 경우에는 몇 분의 1초 만에 붕괴가 발생합니다. 그러나 원자핵 내부의 운동 속도를 생각하면 이것도 긴 시간에 해당하지요.

 알파 입자는 원자핵 내부에서 무슨 힘의 작용으로 수십억 년 동안이나 머물 수 있는 것일까요? 또 그토록 오래 머물렀는데 새삼스레 밖으로 나오려는 이유는 무엇일까요?

 이 질문에 답하기 위해서는 먼저 반발력과 응집력의 비교 강도에 대해 좀더 알아야 합니다. 앞에서 말씀드린 러더퍼드 경은 소위 '핵 때리기 방법(산란 실험)'으로 이 힘을 면밀히 연구했습니다. 캐번디시 연구소에서 행한 유명한 실험에서, 러더퍼드는 방사성 물질에서 방출된 고속 알파 입자 빔을 사용해서 투사입자가 원자핵과 충돌할 때 발생하는 산란 현상을 관찰했습니다. 실험 결과 다음과 같은 사실이 확인되었지요. 즉, 원자핵에서 먼 거리에서는 핵전하가 투사입자에 대해 강한 반발력을 나타냈습니다. 그러나 투사입자가 어떤 식으로든 핵 지역의 외부 경계선까지 근접하면 이 반발력이 강력한 응집력으로 바뀌었습니다. 이렇게 본다면 원자핵은 높고 가파른 장벽으로 둘러싸인 요새에 비유할 수 있습니다. 그러니까 투사입자가 가까이 오지 못하게 하는 동시에, 이미 다가왔다면 아예 밖으로 나가지 못하게 하는 것입니다. 그러나 러더퍼드의 실험에서 더욱 놀라운 결과는 다음과 같은 것이었습니다.

 외부에서 원자핵 속으로 침투해 들어가는 투사입자는 물론이고, 방사성 붕괴 과정에서 원자핵 바깥으로 튀어나오는 알파 입자는 요새 장벽(전문 용어로는 '퍼텐셜 장벽')의 최고 에너지보다 작은 값의 에너지를 갖고 있다.

이것은 고전역학의 기본 개념과 정면으로 배치되는 것입니다. 언덕 아래에서 위로 던진 공의 에너지가 언덕 꼭대기에 도달하는 데 필요한 에너지보다 작은데도 그 공이 언덕을 넘어간다는 말인데, 정말 이상하지 않습니까? 고전물리학을 신봉하는 사람들은 눈이 휘둥그레졌지요. 그래서 러더퍼드의 실험에 분명 잘못이 있었을 거라고 주장했습니다.

그러나 어떤 잘못도 없었습니다. 잘못이 있었다면 러더퍼드 경이 아니라 고전역학 자체에 잘못이 있었던 것입니다. 이 상황을 밝혀낸 것은 나의 친구들인 조지 가모브, 로널드 거니 *Ronald Gurney*, 에드워드 칸던 *Edward U. Condon* 등이었습니다. 이들이 현대 양자론의 관점에서 이 현상이 전혀 모순되지 않는다는 사실을 밝힌 것입니다. 사실 현대 양자물리학은 고전 이론의 깔끔한 선형 궤도를 유령처럼 퍼진 궤도로 대체했습니다. 중세 유령들이 두꺼운 성벽을 거침없이 통과했듯이, 이 유령 궤도도 고전물리학에서 침투 불가능한 것으로 여겼던 퍼텐셜 장벽을 통과했던 것입니다.

이것은 농담이 아닙니다. 부족한 에너지를 가진 입자가 퍼텐셜 장벽을 통과하는 현상은 양자역학의 방정식을 수학적으로 계산한 결과 직접 확인된 것입니다. 이것은 운동에 관한 옛 개념과 새 개념 사이에 존

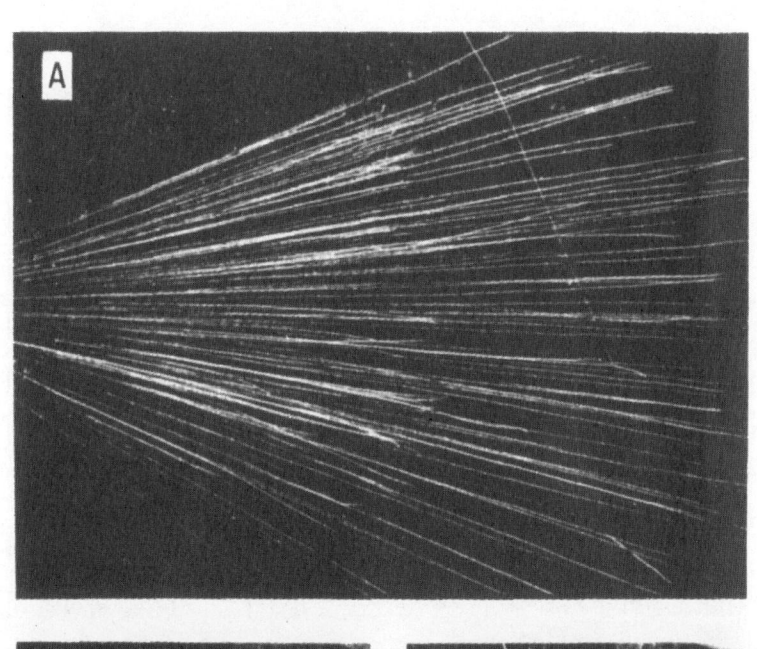

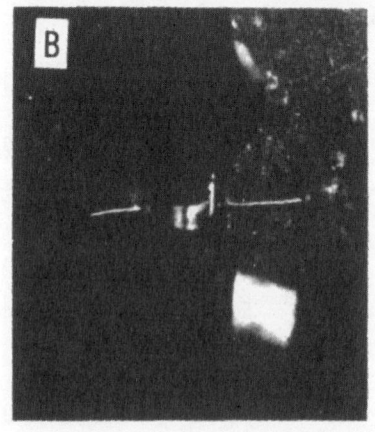
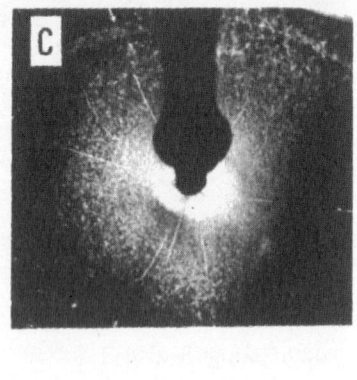

(a) 헬륨으로 질소를 때리면 중산소와 수소가 생긴다. $_7N^{14} + _2He^4 \rightarrow {}_8O^{17} + _1H^1$
(b) 수소로 리튬을 때리면 헬륨 두 개가 생긴다. $_3Li^7 + _1H^1 \rightarrow 2{}_2He^4$
(c) 수소로 붕소를 때리면 헬륨 세 개가 생긴다. $_5B^{11} + _1H^1 \rightarrow 3{}_2H^4$

재하는 가장 중요한 차이점입니다. 그러나 새 역학이 이러한 드문 효과를 허용하기는 하지만, 거기에는 아주 강력한 제한 조건이 따라 붙습니다. 대부분의 경우 장벽을 통과할 가능성이 아주 적다는 거지요. 원자핵 안에 갇힌 입자는 원자핵의 벽을 수십억 번 부딪친 끝에 마침내 탈출에 성공하는 것입니다. 양자론은 이러한 탈출 확률을 계산하는 정확한 규칙을 제시했습니다. 그리고 알파 붕괴의 주기는 양자론의 기대치와 정확하게 일치했습니다. 외부에서 원자핵을 향해 투사한 입자의 경우, 양자역학 계산의 결과는 실험과 아주 가깝게 일치했습니다.

강의를 더 진행하기 전에 고속 투사입자와 충돌한 다양한 원자핵의 붕괴 과정을 담은 사진을 보여드리겠습니다. (슬라이드를 비춰주세요!)

이 슬라이드(206쪽)에서 여러분은 안개상자 *cloud chamber*에서 촬영한 두 개의 서로 다른 붕괴 과정을 볼 수 있습니다. A 사진은 고속 알파 입자와 충돌한 질소 원자핵인데, 인공적인 원소 변환을 찍은 최초의 사진입니다. 러더퍼드 경의 제자인 패트릭 블래킷 *Patrick Blackett*이 찍은 거지요. 이 사진에서는 강한 알파 입자의 방출원에서 수많은 알파 입자가 튀어나가는 궤적을 볼 수 있습니다. 이 입자들 대부분은 아무런 충돌도 없이 지나가 버리지만, 이 입자 가운데 하나는 질소 원자핵을 때리는 데 성공합니다. 충돌한 알파 입자의 궤적은 바로 거기서 멈추고, 충돌 지점에서 두 개의 다른 궤적이 나오는 것을 볼 수 있습니다. 위로 뻗친 길고 가느다란 궤적은 질소 원자핵에서 축출된 양성자의 궤적이고, 살짝 아래로 뻗친 짧고 굵은 궤적은 질소 원자핵 자체가 내쫓긴 반동으로 나타내는 궤적입니다. 그러나 질소 원자핵은 더 이상 존재하지 않습니다. 양성자를 잃어버린 대신 알파 입자를 흡수함으로써 산소 원자핵으로 변환되었기 때문입니다. 이렇게 하여 질소가 산소로 바뀌는 연금술적 변환이 발생했고, 수소라는 부산물까지 얻게 되었습니다.

다음 두 사진은 인공적으로 가속한 양성자의 충돌에 의한 핵붕괴 사진입니다. '원자 충돌기 *atom-basher*'로 알려진 특수 고압 장치로 만들어낸 고속 양성자 빔은 기다란 튜브를 통해 안개상자로 들어가는데, 그 튜브의 끝이 사진에 보이고 있습니다. 이 사진의 경우 양성자 빔이 때리는 표적은 얇은 붕소 막입니다. 붕소 막은 열린 튜브의 아래쪽에 위치해 있습니다. 그래서 충돌로 생긴 핵 조각은 안개상자 속에서 안개 같은 궤적을 만들지요. 양성자와 충돌한 붕소 핵은 세 조각으로 쪼개집니다. 전하의 균형을 생각할 때 이 세 조각은 알파 입자, 즉 세 개의 헬륨 원자핵입니다.

이들 사진에 나타난 두 가지 변환 과정은 오늘날 실험 물리학에서 연구되는 수백 가지 다른 핵변환 과정의 대표적인 사례라고 할 수 있습니다. '치환 핵반응 *substitutional nuclear reactions*'이라고 알려진 이러한 형태의 핵변환은 다음과 같은 과정을 거칩니다. 먼저 투사입자(양성자, 중성자, 알파 입자)가 원자핵 속으로 침투합니다. 그 다음 핵 속에 있던 입자를 쫓아내고 그 자리에 투사입자가 들어앉습니다. 그래서 양성자를 알파 입자로, 알파 입자를 양성자로, 양성자를 중성자로 치환할 수가 있지요. 이러한 모든 변환 과정에서 새로 형성된 원소는 당초 충돌을 당한 원소와 주기율표에서 이웃해 있는 원소입니다.

그런데 제2차 세계대전 직전에, 독일 화학자 오토 한 O. Hahn과 프리츠 슈트라스만 F. Strassmann은 전혀 다른 핵변환 과정을 발견했습니다. 그것은 이런 내용이었습니다.

무거운 원자핵이 두 개의 동일한 부분으로 쪼개지면 엄청난 양의 에너지가 방출된다.

다음 사진(210쪽)을 보십시오. (슬라이드를 비춰주세요!) 오른쪽을 보시면 가느다란 우라늄 필라멘트에서 두 개의 우라늄 조각이 반대 방향으로 날아가는 것을 볼 수 있습니다. 이것은 중성자 빔으로 우라늄을 때려서 처음으로 알아낸 '핵분열'입니다. 그러나 주기율표 끝 부분에 위치한 다른 원소들도 이와 유사한 성질을 갖고 있다는 사실이 나중에 발견되었습니다.

정말이지, 무거운 원자핵들은 이미 안정된 상태의 막바지에 이르러 있으며, 중성자와 충돌할 때의 최소한의 자극에도 두 쪽으로 쪼개질 준비가 되어 있는 것 같습니다. 마치 너무 커다란 수은방울처럼 말입니다. 무거운 원자핵의 이러한 불안정성은 왜 자연계에 원소가 92가지밖에 없는가를 설명해 줍니다. 우라늄보다 무거운 원자핵은 그보다 더 작은 조각으로 당장 쪼개지지 않고서는 한시라도 존재할 수가 없는 것입니다.

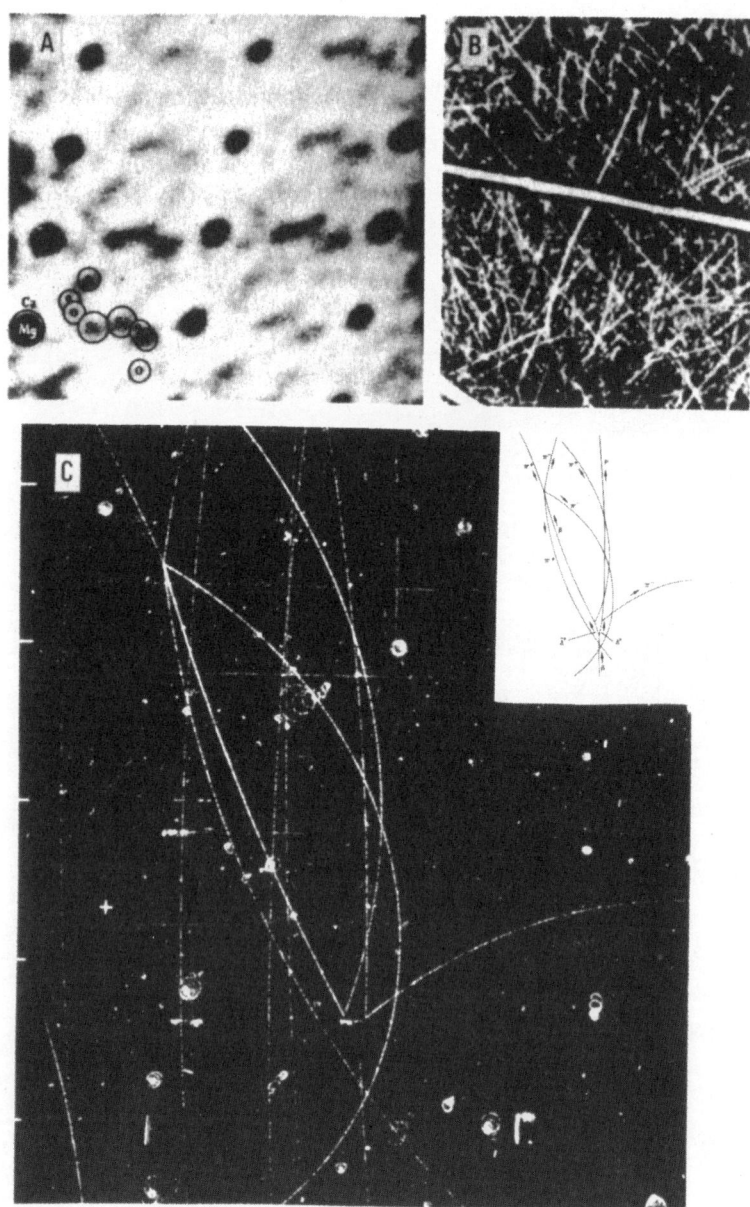

'핵분열' 현상은 실용적인 관점에서도 아주 흥미롭습니다. 핵에너지를 활용할 수 있는 길을 열어 주니까요. 그런데 중요한 것은, 무거운 원자핵이 둘로 쪼개지면서 다수의 중성자를 방출해서, 근처에 있는 다른 원자핵의 분열을 이끈다는 사실입니다. 그래서 결국 원자핵 속에 저장된 모든 에너지가 몇 분의 1초 만에 방출되어 엄청난 에너지를 만들어내게 됩니다. 우라늄 500그램에 저장된 핵에너지의 양이 석탄 10톤과 맞먹는다는 사실을 생각할 때, 이러한 핵에너지를 얻을 수 있다면 우리 경제에 아주 중요한 변화를 가져올 것입니다.

이러한 핵반응은 소규모로만 얻어낼 수 있었습니다. 우리는 핵반응으로 원자핵 내부 구조에 대한 많은 정보를 갖게 되었지만, 최근까지만 하더라도 다량의 핵에너지를 방출시킬 가망이 없어 보였습니다. 그러다가 1939년 들어 독일 화학자인 오토 한과 슈트라스만이 전혀 새로운 유형의 핵변환 과정을 발견했습니다. 이 실험에는 무거운 우라늄 원자핵이 사용되었습니다. 하나의 중성자에 얻어맞은 우라늄 원자핵은 거의 같은 크기의 두 쪽으로 쪼개지면서 엄청난 양의 에너지를 방출하고, 그와 동시에 중성자 두어 개를 방출합니다. 이 중성자가 다시 근처에 있는 다른 우라늄 핵을 때려서 또 다시 두 쪽을 내고, 여기서 또 다시 엄청난 에너지와 함께 더 많은 중성자가 방출됩니다. 이처럼 핵분열이 연쇄적으로 진행되면서 엄청난 폭발이 일어나고, 이 폭

(A)투휘석 결정체 속의 원자들 사진. 왼쪽 아래의 동그라미는 칼슘, 마그네슘, 규소, 산소 등의 개별 원자로 확인된 것들이다. 약 1억 배 배율.
(B)중성자로 때린 우라늄에서 두 개의 핵분열 조각이 반대 방향으로 날아가고 있다.
(C)중성 람다와 안티 람다 중핵자의 생성과 소멸.

발을 잘 통제하면 거의 무제한으로 에너지를 얻을 수 있습니다.

 여러분, 이제 귀한 손님을 한 분 모셔볼까 합니다. 이 분은 원자 폭탄 제조 작업에 참여했고, '수소 폭탄의 아버지'라고 알려진 탈러킨 *Tallerkin* 박사(헝가리에서 이민 온 물리학자로서 미국 이름은 텔러 *Edward Teller*) 입니다. 바쁘신 가운데 이처럼 핵폭탄을 주제로 간단한 강연을 하기 위해 이곳까지 와주셨습니다. 그럼 이제 모셔볼까요?

 노교수의 말과 더불어 강당 옆문이 열리면서 짙은 눈썹 아래 눈빛이 이글거리는 멋진 인상의 남자가 나타났다. 그는 노교수와 악수를 나누더니 청중 쪽으로 돌아서서 말하기 시작했다.

 "Hölgyeim és Uraim, Röviden kell beszélném, mert nagyon sok a dolgom. Ma reggel több megbeszélésem volt a Pentagon-ban és a Fehér Ház-ban. Délutan…. 아, 죄송합니다! 가끔 언어가 뒤죽박죽이 되곤 해서요. 그럼 다시 말씀드리겠습니다.

 신사 숙녀 여러분! 저는 매우 바쁘기 때문에 빨리 끝내고 가야 합니다. 오늘 아침에도 국방부와 백악관 회의에 수차례 참석했습니다. 그리고 오후에는 네바다 주의 프렌치 플래츠에 가서 지하 폭발 실험에 참석해야 합니다. 그리고 저녁에는 캘리포니아 주 밴던버그 공군 기지의 연회에 참석해서 연설을 하기로 되어 있습니다.

 가장 중요한 사실은 원자핵이 두 가지 힘, 즉 원자핵을 하나로 묶어주는 핵 응집력과, 양성자들 사이에서 발생하는 전기적 반발력 때문에 균형이 잡혀 있다는 것입니다. 우라늄이나 플루토늄 같은 무거운 원자핵의 경우, 반발력이 아주 커서 작은 충격에도 원자핵이 쉽게 두 개로 쪼개져 핵분열을 일으킵니다. 충격이 필요할 때는 원자핵을 가볍게 때려주는 단 하나의 중성자만 있으면 됩니다."

그는 칠판 쪽으로 돌아서서 계속 말했다.

"핵분열이 가능한 원자핵과 그것을 때리는 중성자가 여기 있습니다. 분열한 두 조각이 따로 날아가고 있는데, 각각 1백만 전자볼트의 에너지를 지니고 있습니다. 그리고 분열과 더불어 여러 개의 새로운 핵분열용 중성자가 방출됩니다. 가벼운 우라늄 동위원소의 경우에는 대충 두 개의 중성자가 나오고, 플루토늄의 경우에는 세 개 정도가 나옵니다. 그런 다음 이 칠판에 그린 것처럼, 탁! 탁! 소리를 내며 핵반응이 계속됩니다. 만약 핵분열 물질의 조각이 작다면, 대부분의 분열 중성자는 표면을 스쳐 지나가버려 다른 원자핵을 때릴 기회가 없어지고, 그리하여 연쇄 반응은 일어나지 않습니다. 그러나 그 조각이 임계질량에 비해 지름이 10센티미터 정도 더 크다면, 대부분의 중성자가 사로잡혀 연쇄 반응이 일어나게 됩니다. 이것이 소위 말하는 핵분열 폭탄인데, 사람들은 종종 원자폭탄이라는 부정확한 이름으로 부릅니다.

핵 응집력이 전기 반발력보다 큰 원소, 즉 주기율표의 다른 쪽 끝에 있는 원소들을 대상으로 하면 더 좋은 결과를 얻을 수 있습니다. 두 개의 가벼운 원자핵이 서로 충돌하면, 찻잔 위의 수은 두 방울처럼 뭉치게 됩니다. 이 융합은 아주 높은 온도에서만 발생하는 현상입니다. 가벼운 원자핵이 서로 접근하면 전기적 반발력이 방해를 하기 때문이지요. 그러나 온도가 수천만 도에 도달하면 전기적 반발력이 접촉을 방해할 수 없어서 융합이 일어나게 됩니다. 핵융합 과정에서 가장 쉽게 탄생하는 원자핵은 듀트론 deutron 즉 중수소핵입니다. 이 칠판의 오른쪽은 중수소 열핵반응을 보여주는 간단한 모형도입니다.

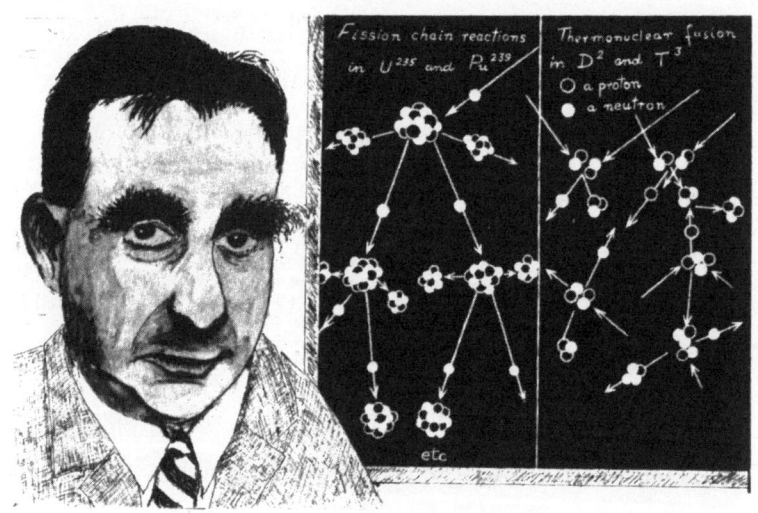

분열 fission과 융합 fusion이 영어로는 철자가 아주 비슷하지만 두 반응은 전혀 다른 것이다.

우리가 처음 수소폭탄에 대해 생각했을 때, 우리는 그것이 지상의 축복이 될 거라고 생각했습니다. 핵분열의 경우와 달리 대기에 방사능 물질을 퍼뜨리지 않으니까요. 그러나 우리는 이런 '깨끗한' 수소폭탄을 만들 수가 없었습니다. 바닷물에서 쉽게 빼낼 수 있는 가장 좋은 핵연료인 중수소는 스스로 타버릴 만큼 좋은 물질이 아니기 때문입니다. 그래서 무거운 우라늄 껍질로 중수소핵을 둘러싸야 합니다. 이 껍질이 대량의 핵분열 생성물을 남기기 때문에 일부 사람들은 '더러운' 수소폭탄이라는 말을 쓰는 것입니다. 통제된 열핵 중수소 반응을 디자인하는 데에도 비슷한 어려움을 겪고 있습니다. 여태껏 많은 노력을 했는데도 아직 완전한 장치를 만들어내지 못했습니다. 하지만 이 문제는 좀 있으면 해결될 것으로 보입니다."

그때 청중석의 한 사람이 질문을 했다.

"박사님, 핵폭탄 실험에서 생기는 여러 가지 핵분열 생성물 때문에 전체 지구 생명체에 해로운 돌연변이가 발생한다는 것에 대해 어떻게 생각하십니까?"

"모든 돌연변이가 해로운 것은 아닙니다."

탈러킨 박사는 씩 웃어 보였다.

"돌연변이 가운데 소수는 인류 진화에 기여했습니다. 살아 있는 유기체에 돌연변이가 없었다면 선생과 나는 아직도 아메바에 지나지 않을 것입니다. 생명의 진화는 자연적인 돌연변이와 적자생존에 전적으로 의존한다는 건 알고 계시겠죠?"

청중석의 한 여성이 날카롭게 외쳤다.

"그렇다면 아이를 한 열 명쯤 낳아서 가장 똑똑한 두어 놈만 남기고 나머지는 다 없애버리란 말씀인가요?"

"글쎄요, 부인—."

탈러킨 박사가 뭐라고 대답하려는 순간, 강당 옆문이 열리면서 조종사 차림을 한 남자가 성큼 안으로 들어섰다.

"어서요, 박사님!"

그가 외쳤다.

"입구에 헬리콥터를 대기시켰습니다. 지금 즉시 떠나지 않으면 공항의 제트기 출발 시간에 대지 못해요."

"죄송합니다, 여러분."

탈러킨 박사가 청중들에게 말했다.

"저는 이만 가봐야겠습니다. *Isten veluk* (만나서 반가웠습니다)!"

그리고 그들은 부리나케 뛰어나갔다.

나무 조각가

커다랗고 육중한 대문 한가운데에 '출입 금지-고전압'이라는 위압적인 경고문이 붙어 있었다. 그러나 도어매트에는 큼직하게 '환영'이라는 말이 씌어 있어서 매몰찬 분위기가 다소 누그러졌다.

탐킨스 씨는 잠시 망설이다가 초인종을 눌렀다. 젊은 조수가 그를 커다란 실험실로 안내했다. 아주 복잡하고 근사해 보이는 기계가 실내의 절반은 족히 차지하고 있었다.

"이건 대형 사이클로트론(입자 가속기의 일종)입니다. 대중적으로는 '원자 충돌기'라고 부르는 거죠."

조수가 말했다.

거창해 보이는 이 기계는 현대물리학의 중요 도구였다. 조수는 이 기계의 핵심이랄 수 있는 거대한 전자석 코일 하나를 사랑스럽게 쓰다듬으며 설명을 계속했다.

"이 장치는 1천만 전자볼트의 에너지를 가진 입자를 만들어 냅니다. 이런 엄청난 에너지를 가진 투사입자의 충격을 견뎌낼 원자핵은 아주 드물지요."

"원자핵도 상당히 단단한 모양이로군요. 작은 원자의 아주 작은 원자핵을 깨트리기 위해 이런 거대한 기계를 만들어내야 했다니 말입니다. 그런데 이 기계는 어떻게 작동하죠?"

탐킨스 씨가 물었다.

"서커스에 가본 적 있나?"

노교수가 거대한 사이클로트론 뒤에서 불쑥 몸을 드러내며 물었다.

"어…, 그야 물론이죠. 오늘밤 저를 데리고 서커스에 가실 건가요?"

탐킨스 씨는 뜻밖의 질문에 어리둥절해하며 물었다.

"아니야."

노교수가 미소를 지으며 말했다.

"하지만 서커스가 사이클로트론 작동 방식을 이해하는 데 도움이 될 거야. 이 커다란 자석의 양극 사이에 있는 둥그런 구리 상자를 보게. 저 상자가 일종의 서커스 링 구실을 하지. 원자핵 때리기 실험에 쓰이는 다양한 투사입자가 저 상자에서 가속이 되거든. 상자 중앙에는 하전입자, 즉 이온이 생산되는 재료가 놓여 있지. 이온이 처음 밖으로 나올 때는 속도가 빠르지 않아. 그래서 강력한 자장이 이온 궤도를 구부려서, 이온이 작은 원을 그리며 상자의 중앙 둘레를 돌게 하고, 우리가 그것들을 세게 때려서 점점 더 높은 속도를 내게 만드는 거야."

"서커스의 말이라면 엉덩이를 때려서 속도를 높일 수 있다지만, 작은 입자를 때려서 속도를 높인다는 건 이해가 되지 않는데요."

탐킨스 씨가 말했다.

"알고 보면 간단한 거야. 작은 원을 그리며 도는 입자가 궤도상의 특정 지점을 지날 때마다 연속적인 전기 충격을 가하는 거지. 서커스에서 조련사가 서커스 링의 일정한 지점에 서 있다가 말이 지나갈 때마다 채찍으로 엉덩이를 때리는 것처럼."

"하지만 조련사는 말을 볼 수가 있잖아요."

탐킨스 씨는 여전히 이해가 되지 않았다.

"보고 있다가 적시에 때린다면 몰라도, 구리 상자 속에서 돌고 있는 입자를 볼 수가 없잖아요?"

"그야 그렇지. 하지만 볼 필요가 없어. 이 사이클로트론은 입자가 아무리 가속된다 해도 한 바퀴 회전하는 데 일정한 시간이 걸리도록 만들어져 있어. 요컨대 입자의 속도 증가에 비례해서 궤도 반지름이 커지는 거지. 그래서 입자는 넓어져 가는 나선형으로 움직이면서, 일정 시간에 '링'의 일정한 쪽에 이르도록 되어 있어. 회전주기가 일정한 거지. 그러니 일정한 시간에 일정한 위치에서 입자에 전기 충격을 가하는 장치만 설치해두면 되는 거야. 이것을 진동 전기회로 시스템이라고 하는데 방송국에 있는 것과 아주 비슷해. 이 장치에서 가하는 전기 충격은 그리 크지 않지만, 계속 속도를 높여주기 때문에 속도가 엄청나게 빨라지는 거야. 그게 이 장치의 이점이지. 수백만 볼트에 해당되는 효과를 내거든. 하지만 이 시스템 어디에도 실제로 그런 고전압이 흐르고 있지는 않아."

"정말 교묘한 장치로군요. 누가 발명한 거죠?"

"사이클로트론은 1932년에 어니스트 로렌스 *Ernest O. Lawrence*가 처음 고안했지. 그 후 점점 규모가 커졌고, 여러 물리학 연구소에 보급되었어. 옛날 것은 정전기 원리에 토대를 둔 직렬 변환기를 썼는데, 요즘 것은 한결 간편해졌지."

"이런 복잡한 장치가 없으면 원자핵을 깨트릴 수 없나요?"

탐킨스 씨가 물었다. 그는 단순성 신봉자여서 망치보다 복잡한 물건은 도무지 미더워하지 않았다.

"물론 있지. 러더퍼드가 그 유명한 인공 원소 변환 실험을 처음 했을 때는, 자연 방사능 물질에서 방출되는 일상적인 알파 입자를 사용

"이건 대형 사이클로트론입니다."

나무 조각가

했어. 그러나 그건 벌써 20여 년 전 얘기야. 지금은 원자핵을 때리는 기술이 크게 발전했다네."

"원자가 실제로 파괴되는 것을 보여줄 수 있나요?"

탐킨스 씨가 물었다. 그는 기나긴 설명을 듣기보다 직접 자기 눈으로 한번 보는 것을 좋아했다.

"아무렴. 우리는 방금 실험을 시작했어. 고속 양성자와 충돌한 붕소의 붕괴를 연구하는 중이지. 핵 퍼텐셜 장벽을 뚫고 들어갈 수 있을 정도로 강하게 양성자(투사입자)가 붕소 원자핵을 때리면, 이 원자핵은 세 조각으로 쪼개지면서 각기 다른 방향으로 날아가지. 이 과정은 소위 '안개상자'라는 장치로 직접 관측할 수 있어. 이 상자 덕분에 우리는 충돌과 관계된 모든 입자의 궤적을 살펴볼 수가 있지. 한가운데에 붕소 조각이 들어 있는 이 상자는 현재 가속 상자와 연결되어 있어. 사이클로트론을 가동하면 자네 눈으로 직접 원자핵이 쪼개지는 과정을 보게 될 거야."

"전류 스위치를 좀 올려 주겠나?"

노교수가 조수를 돌아보며 말했다.

"자기장은 내가 조정하겠어."

사이클로트론을 작동하는 데에는 시간이 좀 걸렸다. 그래서 혼자 남은 탐킨스 씨는 주위를 어슬렁거렸다. 그때 불그레한 빛을 내는 거대한 증폭관의 복잡한 시스템이 눈길을 끌었다. 사이클로트론에서 사용되는 전압은 직접 원자핵을 쪼갤 만큼 높지 않지만, 황소쯤은 간단히 쓰러뜨릴 수 있는 위력을 지니고 있었다. 하지만 이 사실을 전혀 모르는 탐킨스 씨는 좀더 자세히 살펴보기 위해 고개를 쑥 내밀었다.

그때 사자 조련사가 채찍을 휘두르는 듯한 날카로운 소리가 났다. 탐킨스 씨는 온몸을 훑고 지나가는 엄청난 전기 충격을 느꼈다. 다음 순간 모든 것이 캄캄해지면서 의식을 잃고 말았다.

눈을 뜨고 보니 그는 바닥에 넙죽 엎드려 있었다. 전기 충격 때문이었다. 실내 공간은 전과 똑같았지만, 실내의 물체는 전혀 달랐다. 우뚝 솟은 사이클로트론 자석, 번쩍이는 구리 연결 장치, 수십 가지의 복잡한 전기 장치 등은 모두 사라지고, 목수의 단순한 연장이 가득한 기다란 나무 작업대만 덩그러니 놓여 있었다. 구식의 벽 선반에는 낯설고 기이한 모습의 목각이 수북이 얹혀 있었다. 작업대에서는 온화해 보이는 노인이 나무를 깎고 있었다. 노인의 얼굴을 자세히 바라보니 월트 디즈니의 〈피노키오〉에 나오는 제페토 노인이나, 노교수의 실험실 벽에 걸린 러더퍼드 경의 초상화를 닮은 것 같았다.

"이렇게 불쑥 나타나서 죄송합니다."

탐킨스 씨가 몸을 일으키며 말했다.

"저는 핵 실험실에 들렀는데, 갑자기 이상한 일이 일어난 것 같아요."

"아, 자네는 원자핵에 관심이 있는가 보군."

노인이 깎고 있던 나무토막을 한쪽으로 치우면서 말했다.

"그렇다면 제대로 찾아온 걸세. 나는 여기서 모든 종류의 원자핵을 만들고 있으니까. 기꺼이 내 작업실을 보여주지."

"원자핵을 만드신다고요?"

탐킨스 씨는 눈이 휘둥그레졌다.

"아무렴. 당연히 기술이 좀 필요하긴 하지. 특히 방사능 원자핵이 그래. 칠을 하기도 전에 붕괴해버릴 수가 있거든."

"칠을 한다고요?"

"그래. 양전하 입자에는 빨간색을, 음전하 입자에는 초록색을 칠한다네. 빨강과 초록이 '보색'이라는 것은 알지? 이 두 가지 색은 함께 섞으면 서로를 상쇄한다네. 여기서 색을 섞는다는 것은 물감이 아니라 빛을 합성한다는 뜻이다. 빨간 물감과 초록 물감을 섞으면 우중충한 색이 될 뿐이다. 그러나 장난감 팽이의 윗면 절반에 빨간색을, 나머지 절반에 초록색을 칠하고 빠르게 돌리면 하얗게 보인다.

이것이 바로 양전하와 음전하의 상호 상쇄라는 거지. 만일 원자핵이 빠르게 움직이는 같은 수의 양전하와 음전하로 이루어져 있다면 전기적으로 중성을 띠어 하얗게 보일 거야. 하지만 양전하나 음전하 가운데 어느 한쪽이 더 많으면 원자핵이 초록색이나 빨간색으로 보일 거야. 아주 간단하지?"

노인은 작업대 옆에 세워진 커다란 나무상자 두 개를 가리키며 계속 말했다.

"저 상자에는 다양한 원자핵을 구성하는 물질들을 보관하고 있다네. 첫 번째 상자에는 양성자, 그러니까 빨간 공이 담겨 있지. 양성자는 아주 안정되어 있어서 자기 색깔을 영구 보존한다네. 칼 같은 걸로 긁어내지 않는 한 말이지. 하지만 두 번째 상자에 들어 있는 중성자는 좀 골치가 아파. 정상일 때는 하얀색이고, 전기적으로 중성인데, 붉은 양성자로 변하려는 경향이 강하거든. 상자를 단단히 닫아놓으면 아무런 문제가 없지만, 밖으로 꺼내놓기만 하면 일이 벌어진단 말씀이야."

조각가 노인은 상자를 열고 하얀 공 하나를 꺼내 작업대 위에 얹어놓았다.

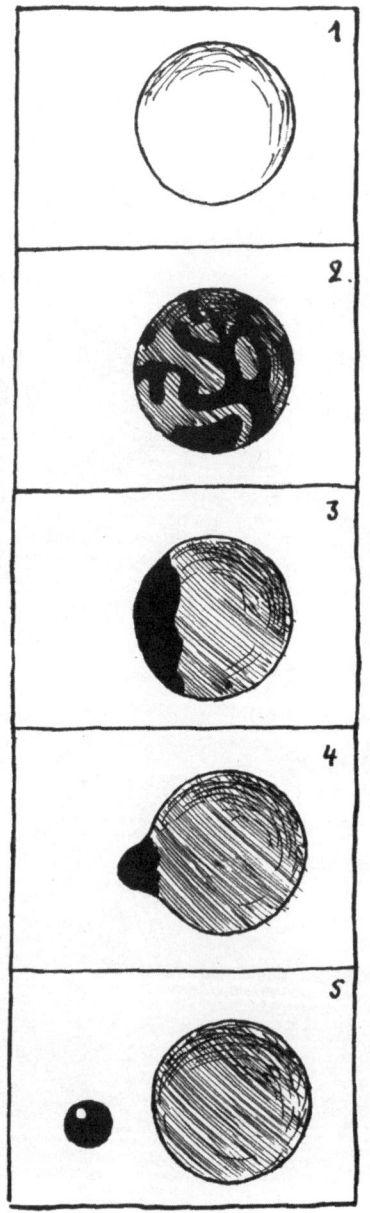

한동안 아무런 일도 일어나지 않았다. 탐킨스 씨가 인내심을 잃으려고 하는 순간, 갑자기 공이 살아났다. 공 표면에 붉은색과 초록색 줄이 불규칙하게 나타나기 시작했던 것이다. 마치 아이들이 갖고 노는 울긋불긋한 유리구슬 같았다. 그러다가 잠시 후 초록색이 한쪽으로 모이더니 마침내 공에서 완전히 분리되어, 빛나는 초록색 방울이 되어 바닥으로 떨어졌다. 이제 완전히 빨간색이 된 공은 첫 번째 상자에 든 빨간 양성자와 다를 게 없었다.

"어떻게 되는지 잘 봤나?"

노인이 바닥에서 둥글고 아주 딱딱해진 초록색 방울을 집어 들며 말했다.

"중성자의 하얀색이 빨간색과 초록색으로 쪼개진 걸세. 그러니까 중성자가 두 개의 독립된 입자인 양성자와 음전자로 분리된 거지."

"놀랍지?"

눈이 휘둥그레진 탐킨스 씨의 얼굴을 바라보며 노인이 덧붙였다.

"이 초록색 방울은 그저 평범한 전자일 뿐이야. 모든 원자에서 찾아볼 수 있는 그런 전자."

"세상에!"

탐킨스 씨가 탄성을 질렀다.

"손수건 색깔을 바꾸는 마술사의 묘기보다 더 놀랍군요. 그 색깔을 원래대로 되돌릴 수도 있나요?"

"물론이지. 초록색 방울을 빨간색 공에 대고 문지르면 다시 하얗게 된다네. 하지만 약간의 에너지가 필요하지. 빨간색 공 표면을 긁어내도 하얗게 되는데, 마찬가지로 에너지가 필요해. 양성자의 표면에서 벗겨낸 빨간색은 빨간 방울이 되는데, 그게 바로 양전자라는 걸세. 양전자라는 말은 들어봤겠지?"

"네, 전에 내가 전자였을 때…."

탐킨스 씨는 말을 잘못했다 싶어 얼른 말을 바꾸었다. "양전자와 음전자가 만나면 서로 파괴한다는 말을 들었습니다. 그 현상을 보여주실 수 있나요?"

"아, 그거야 어려울 것 없지. 이 양성자 표면을 긁어낼 필요도 없어. 오늘 아침 작업을 하다가 남겨놓은 양전자가 마침 몇 개 남아 있으니까."

노인은 서랍을 열어 붉은색의 작은 공을 하나 꺼내 엄지와 검지로 단단히 쥐고 작업대 위의 초록색 방울 옆에 올려놓았다. 그 순간 폭죽 터지는 소리가 나더니 둘 다 순식간에 사라져 버렸다.

"잘 봤나?"

살짝 덴 손가락을 호호 불며 노인이 말했다.

"바로 이런 이유 때문에 원자핵을 만들 때 전자를 사용하지 않는다네. 전에 시도는 해봤지만, 곧 포기하고 말았지. 그래서 이제는 원자핵을 만들 때 양성자와 중성자만 사용하지."

"하지만 중성자도 불안정하기는 마찬가지잖아요?"

탐킨스 씨가 초록색 방울 현상을 떠올리며 말했다.

"중성자가 혼자 있을 때는 그렇지. 그러나 원자핵 안에 빽빽하게 무리지어 다른 입자들에 둘러싸여 있으면 많이 안정된다네. 그러나 중성자와 양성자 비율이 어느 한쪽으로 치우치면 저절로 변환되는 수도 있어. 핵자에서 벗겨져 나온 여분의 색깔이 음전자나 양전자가 되는 거야. 우리는 이 조정 과정을 베타 변환이라고 부른다네."

"원자핵을 만들 때 접착제를 쓰나요?"

탐킨스 씨는 그것이 궁금했다.

"그런 건 필요 없어. 이들 입자는 대놓으면 서로 달라붙는 경향이 있거든. 직접 해보게."

노인의 말대로 탐킨스 씨는 오른손에 양성자를, 왼손에 중성자를 들고 조심스럽게 대보았다. 순간 강력한 인력이 느껴졌다. 그는 두 입자를 굽어보다가 아주 이상한 현상을 목격하게 되었다. 두 입자가 서로 색깔을 교환해서 번갈아 가며 빨간색과 흰색이 되었다. 오른손에 든 양성자의 붉은색이 갑자기 '뛰어올라' 왼손으로 갔다가 다시 돌아오는 것처럼 보였다. 이 색깔 교환은 너무 빠르게 진행되었기 때문에 두 공은 분홍색 띠로 연결된 것처럼 보였다.

"이게 바로 이론물리학자들이 말하는 교환 현상이라네."

노인은 어리둥절한 탐킨스 씨를 바라보며 껄껄 웃었다.

"두 공은 서로 붉은색이 되어서 전하를 갖고 싶어한다고 말할 수 있지. 하지만 둘이 동시에 전하를 가질 수는 없으니까 번갈아가며 갖는 거야. 어느 한쪽도 포기하지 않으니까, 억지로 떼어놓지 않는 한 철썩 달라붙어 있는 거지. 자, 이제 원자핵을 만드는 게 얼마나 쉬운지 보여주겠네. 뭘 만들어볼까?"

"금이요."

탐킨스 씨는 중세 연금술사의 숙원을 생각하며 대답했다.

"금이라? 어디 볼까?"

노인은 벽에 걸린 커다란 도표를 바라보며 중얼거렸다.

"금의 원자핵은 무게가 197단위이고 양전하는 79단위로군. 그렇다면 올바른 질량을 얻기 위해선 79개의 양성자에 118개(197에서 79를 뺀 수)의 중성자를 추가하면 되지."

노인은 필요한 수만큼의 입자를 커다란 실린더에 집어넣고 그 위에 무거운 나무 피스톤을 올려놓았다. 그런 다음 있는 힘을 다해 피스톤을 내리눌렀다.

"이렇게 눌러줘야 한다네. 양전하를 가진 양성자들 사이에 엄청난 전기 반발력이 작용하고 있거든. 피스톤의 힘으로 이 반발력을 제거하면 양성자와 중성자가 서로 달라붙게 되는데, 그건 교환 작용력 때문이지. 이렇게 하면 자네가 원한 원자핵을 얻게 될 거야."

노인은 피스톤을 최대한 힘껏 내리누른 다음, 피스톤을 들어내고 실린더를 뒤집었다. 반짝이는 분홍색 공이 작업대 위로 굴러 나왔다. 자세히 들여다본 탐킨스 씨는, 빠르게 움직이는 입자들 사이의 하얀색과 붉은색이 교환 작용을 하고 있기 때문에 분홍색으로 보인다는 것을 알 수 있었다.

"정말 아름다워요!"

그는 탄복했다.

"이게 바로 금의 원자로군요!"

"아직은 원자가 아닐세. 원자핵일 뿐이지."

조각가 노인은 말을 바로잡았다.

"완전한 원자를 만들려면 적당한 수의 전자를 추가해서 원자핵의 양전하를 중화시켜야 해. 그리고 원자핵 주위에 전자껍질을 씌워야 하지. 하지만 그건 간단한 작업이야. 주위에 전자가 있다는 것을 알면 원자핵이 자연스럽게 전자들을 잡아당길 테니까."

"정말 묘해요. 하지만 장인어른은 금을 만드는 게 이처럼 쉽다고 보지 않던데요."

"자네 장인이나 핵물리학자라는 것들이란!"

노인이 코웃음을 치며 말했다.

"그들은 겉만 번드레할 뿐이야. 실제로 뭐 하나 해놓은 일도 없으면서. 그들은 따로 떨어져 있는 양성자들을 하나의 원자핵으로 압축할 수 없다고 말하지. 엄청난 압축력이 필요하니까. 어떤 핵물리학자는 양성자들을 서로 달라붙게 하려면 달덩이쯤의 무게로 눌러줘야 할 거라는 계산까지 했지. 필요한 게 그것뿐이라면 달을 따다가 눌러주면 될 거 아냐."

"핵물리학자들이 약간의 핵변환을 만들어내긴 했잖아요."

탐킨스 씨가 쭈뼛거리며 말했다.

"그건 그래. 하지만 어설프게 쥐꼬리만큼 성공했을 뿐이지. 그들이 얻어낸 새 원소의 양은 너무 적어서 눈에 보이지도 않을 정도였어. 그들이 어떻게 했는지 보여주지."

그리고 노인은 양성자를 하나 집어 들더니, 작업대 위에 놓인 금 원자핵을 향해 힘껏 던졌다. 원자핵 근처에서 양성자는 속도를 늦추더니 잠시 멈칫하다가 원자핵 안으로 빨려 들어갔다. 양성자를 삼킨 원자핵은 고열에 시달리는 것처럼 잠시 몸을 떨더니, 원자핵의 작은 부분이 쩍 소리를 내며 쪼개졌다.

"이게 바로 알파 입자라는 걸세."

노인이 쪼개진 조각을 집어 들고 말했다.

"이걸 자세히 살펴보면 양성자 두 개와 중성자 두 개로 이루어져 있다는 것을 알 수 있을 걸세. 이런 입자는 소위 방사성 원소라는 무거운 원자핵에서 튀어나오는 거지. 하지만 아주 세게 때리면 안정된 원자핵에서도 구할 수 있다네. 저 작업대 위에 있는 큰 부분은 이제 더 이상 금 원자핵이 아니라는 것을 주목해 주게. 양전하를 하나 잃었기 때문에 이제는 백금 원자핵이 된 거지. 백금은 주기율표에서 금 바로 앞에 있는 원소야. 그런데 때로는 금 원자핵 안으로 들어간 양성자가 원자핵을 둘로 쪼개지 않고 그 안에 그대로 머물러 버리는 경우도 있다네. 그럴 경우 그 원자핵은 주기율표에서 금 다음에 나오는 원소인 수은 원자핵이 되지. 이런 과정들을 이리저리 짜 맞추면 주어진 원소를 다른 원소로 바꿀 수 있는 걸세."

"아, 사이클로트론에서 나온 고속 양성자 빔을 왜 사용하는지 이제야 알겠어요. 그런데 어르신은 왜 이 방법이 좋지 않다는 거죠?"

"효율성이 아주 낮기 때문일세. 첫째, 투사입자를 쏘는 방식이 부정확해. 수천 개를 쏘아서 그 중 하나만 원자핵에 명중하는 방식이니까. 둘째, 그토록 힘들여 때린다고 해도 투사입자가 원자핵 내부로 파고들지 못하고 튕겨 나올 가능성이 많아. 아까 내가 양성자 하나를 금 원자핵에 던졌을 때, 양성자가 잠시 멈칫하는 걸 보았지? 난 그때 양성자가 튕겨 나올 줄 알았어."

"투사입자가 파고들지 못하는 이유가 뭐죠?"

탐킨스 씨가 흥미를 느끼며 물었다.

"생각해보면 알 수 있을 걸세. 투사입자인 양성자와 원자핵은 모두 양전하를 띠고 있잖나. 이 양전하들 사이의 반발력이 일종의 장벽을 형성하지. 투사된 양성자가 핵 요새를 침투할 수 있는 것은, 트로이 목마 같은 책략을 구사하기 때문이라네. 양성자는 입자가 아니라 파동 상태로 원자핵의 벽을 통과한다 이 말씀이야."

"무슨 말씀인지 모르겠어요."

탐킨스 씨가 풀죽은 소리로 말했다.

"그럴 줄 알았어."

노인이 빙그레 웃으며 말했다.

"사실 나는 일꾼이지, 이론가가 아니라네. 내 손으로 이런 것들을 직접 만들 수는 있지만, 근사한 이론을 떠벌리는 재주는 없어. 그러나 요점만 말하자면, 모든 핵자가 양자적 물질로 만들어져 있기 때문에,

통상적으로는 침투가 불가능하다고 생각되는 장벽을 통과할 수 있다는 걸세. 아니, 스며든다는 게 더 옳겠지."

"아, 알겠어요! 내가 모드를 만나기 직전에 이상한 곳을 방문했던 기억이 나요. 거기서 당구공이 꼭 어르신 말씀대로 움직이는 것을 보았어요."

"당구공? 상아로 만든 당구공 말인가?"

조각가 노인이 열띤 목소리로 물었다.

"네. 그건 양자 코끼리의 상아로 만든 것이었어요."

탐킨스 씨가 대답했다.

"인생은 정말 불공평해."

노인이 쓸쓸하게 말했다.

"그렇게 귀중한 물질을 하찮은 게임에 허비하는 사람도 있는데, 나는 이게 뭐야? 평범한 양자 떡갈나무를 깎아서 온 우주의 기본 입자인 양성자와 중성자를 만들고 있다니!"

"하지만," 하고 노인은 계속해서 말했다.

"내가 만든 이 목각 작품들은 값비싼 상아 물건에 비해 손색이 없어. 어떤 장벽도 깔끔하게 통과할 수 있으니까. 그걸 보여주지."

노인은 의자 위로 올라가더니 벽 선반 꼭대기에서 화산 모형처럼 생긴 이상한 목각 작품을 꺼냈다.

"이걸 좀 보게."

노인은 목각 작품에 쌓인 먼지를 조심스레 털어내며 말했다.

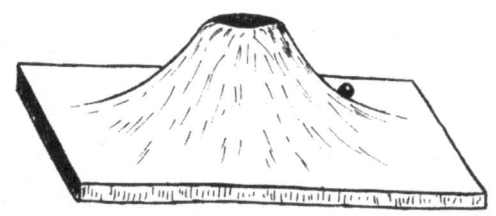

"이건 원자핵 주위에서 작용하는 반발력의 장벽을 모형으로 만든 거라네. 화산 바깥의 경사면은 양전하 사이에 발생하는 전기적 반발력을 나타내고, 분화구는 핵자를 서로 결속해주는 응집력을 나타내는 걸세. 이 경사면 위로 공을 굴려보겠네. 하지만 정상에 올라설 정도의 센 힘으로 굴리는 건 아니야. 자네는 당연히 이 공이 다시 굴러 내릴 거라고 생각하겠지. 그러나 실제로 어떻게 되는지 한번 보게…."

그리고 노인은 공을 위로 살짝 튕겼다. 공은 경사면을 절반쯤 올라가다가 다시 아래로 굴러 내려왔다.

"이거야 특별할 것도 없잖아요."

탐킨스 씨가 말했다.

"잠깐 기다리게."

노인이 나직이 말했다.

"단번에 성공하길 기대해선 안 되지."

그리고 노인은 다시 공을 튕겼다. 이번에도 공이 굴러 내려왔다. 하지만 세 번째에는 공이 경사면을 반쯤 올라간 순간 갑자기 사라져 버렸다.

"공이 어디로 갔을까?"

조각가 노인이 마술사나 된 것처럼 의기양양하게 말했다.

"분화구 속으로 들어갔다는 말씀인가요?"

탐킨스 씨가 되물었다.

"바로 그거야."

노인이 분화구에서 공을 꺼내며 말했다.

"자, 이제 반대로 해볼까? 꼭대기에서 굴러 내리지 않고 분화구를 빠져나오는 묘기를 한번 보게나."

노인은 분화구 속에 공을 집어넣었다. 한동안 아무런 일도 일어나지 않았다. 탐킨스 씨는 분화구 안에서 공이 이리저리 굴러다니는 소리를 들었다. 그러다가 기적처럼 느닷없이 경사면 중간쯤에서 공이 불쑥 나타나더니, 천천히 작업대로 굴러 내려왔다.

"지금 본 것이 바로 방사능 알파 붕괴 때 일어나는 일이라네."

노인은 화산 모형을 꼭대기 선반 위에 다시 올려놓으며 말했다.

"물론 방사능 알파 붕괴 시에는 양자 떡갈나무 장벽 대신 전기 반발력이라는 장벽이 있지. 하지만 원리적으로는 아무런 차이도 없다네. 어떤 경우에는 전기 장벽이 너무 '투명'해서 입자가 몇 분의 1초 만에 장벽을 통과해 버리지만, 때로는 그 장벽이 너무 '불투명'해서 장벽을 통과하는 데 수십억 년이 걸리지. 가령 우라늄 원자핵이 그렇다네."

"모든 원자핵이 방사능을 띠지는 않는 이유는 뭐죠?"

탐킨스 씨가 물었다.

"왜냐하면 대다수 원자핵의 경우, 분화구 밑바닥이 바깥 높이보다 낮기 때문이라네. 하지만 무거운 원자핵은 분화구 바닥이 충분히 높기 때문에 입자가 손쉽게 빠져나올 수 있지."

탐킨스 씨는 친절한 조각가 노인과 함께 얼마나 오랜 시간을 보냈는지 알 수 없었다. 이 노인은 항상 방문객에게 헌신적으로 자기 지식을 전해주려고 애쓰는 것 같았다. 탐킨스 씨는 다른 많은 기이한 물건도 구경했다. 조심스럽게 닫아놓은 통을 보기도 했는데, 비어 있는 게 분명한 그 통에는 '뉴트리노 : 취급 주의 및 방출 금지' 라는 경고문이 붙어 있었다.

"이 안에 뭐가 들어 있긴 있나요?"

탐킨스 씨가 그 통을 귀에 대고 흔들어보며 물었다.

"나도 몰라."

조각가 노인이 말했다.

"뭐가 들어 있다는 사람도 있고, 아무것도 없다는 사람도 있다네. 하지만 아무것도 볼 수 없다는 것만은 확실해. 그 멋진 통은 이론물리학자 친구한테 얻은 걸세. 그 통을 어째야 할지 몰라서, 당분간 그대로 놓아두기로 했지."

주변을 계속 살피던 탐킨스 씨는 먼지 앉은 낡은 바이올린을 보았다. 너무 오래 되어서 스트라디바리(300년 전쯤에 살았던 이탈리아의 뛰어난 바이올린 제작자-옮긴이주)의 할아버지가 만들었음직한 물건이었다.

"바이올린도 켜시나요?"

탐킨스 씨가 조각가 노인을 돌아보며 물었다.

"감마선 곡조만 연주할 수 있다네. 그건 양자 바이올린이기 때문에 다른 곡은 연주하지 못해. 한때는 광학적 곡조를 연주할 수 있는 양자 첼로도 가지고 있었는데 누군가 빌려가서 아직도 돌려주지 않고 있어."

"감마선 곡을 하나 연주해 주세요. 그런 건 한번도 들어본 적이 없거든요."

"그럼 〈토륨 속의 원자핵 올림 다장조〉를 들려주지."

노인이 바이올린을 어깨에 얹으며 말했다.

"하지만 아주 슬픈 곡이니까 단단히 마음의 준비를 해두게."

음악은 정말 야릇했다. 일찍이 들어본 어떤 음악과는 달랐다. 해변의 모래톱에서 구르는 파도소리가 계속되었고, 이따금 파도소리를 끊으며 총알이 스쳐 지나가는 듯한 날카로운 소리가 들렸다. 탐킨스 씨는 딱히 음악에 소양이 있는 것은 아니었지만, 그 곡은 아주 신비하고 강렬한 인상을 심어주었다. 그는 낡은 안락의자에 앉아 눈을 감고 편안히 몸을 쭉 뻗었다….

14 공간 속의 구멍들

신사 숙녀 여러분!

오늘밤에는 특히 주목해 주세요. 이제 말씀드리려고 하는 것은 아주 매혹적인 만큼 여간 까다롭지가 않으니까요. '양전자'라고 알려진 새로운 입자 얘기를 하려고 하는데, 이것은 아주 특이한 성질을 지니고 있답니다. 이 입자는 순수 이론을 토대로 해서 예견된 것이었는데, 예견한 지 여러 해가 지나 실제로 검출되었습니다. 이것이 실제로 발견된 것은 주요 속성에 대한 이론적 예측 덕분이라고 할 수 있지요.

예측을 한 사람은 영국의 물리학자 폴 디랙이었습니다. 그는 아주 낯설고 환상적인 이론을 바탕으로 해서 그러한 예측을 내놓았지요. 그래서 당시의 물리학자들은 대부분 그의 예측을 받아들이지 않았답니다. 디랙 이론의 기본 개념은 다음과 같이 간단하게 요약할 수 있습니다.

빈 공간에는 반드시 구멍이 있어야 한다.

놀라시는 모습들이 보이는군요. 디랙이 이런 중대한 말을 했을 때, 물리학자들도 모두 깜짝 놀랐습니다. 어떻게 빈 공간에 구멍이 있을 수 있단 말인가? 그게 말이나 되는 소리인가? 그렇습니다. 소위 빈 공간이라는 것이 우리가 생각하는 것과 달리 실제로는 비어 있는 게 아니라는 사실을 받아들이면 그건 말이 됩니다. 디랙 이론의 요점은 다음과 같습니다.

소위 빈 공간이라는 것, 곧 진공이 실제로는 대단히 일정하고 고르게 무리 짓고 있는 무수한 음전자로 빽빽이 채워져 있다.

이런 가설이 순전히 환상으로 마음에 떠오른 것이 아니라는 것은 두말할 나위가 없습니다. 보통의 음전자를 다루는 이론과 관계된 온갖 고려 사항들을 검토해서 나온 피할 수 없는 결과입니다. 사실 이 이론은 필연적으로 다음과 같은 결론에 이릅니다. 즉, 원자 속에는 운동의 양자 상태 말고도, 순수 진공에 속하는 특별한 '마이너스 양자 상태'가 무수히 존재합니다. 그런데 전자가 '더 편한' 운동 상태로 뛰어드는 것을 막지 않으면, 전자는 자신이 속한 원자를 버릴 것입니다. 다시 말하면 빈 공간 속으로 녹아들어가 버립니다. 전자가 다른 데로 가버리는 것을 막는 유일한 방법은 이 특정 장소를 다른 전자로 '채우는' 것이기 때문에(파울리의 배타원리를 되새겨 보시기 바랍니다), 진공 속의 모든 양자 상태는 전체 공간에 고르게 퍼져있는 무한수의 전자로 채워져야만 합니다.

이 말이 여러분에게는 헛소리로 들릴지 모르겠습니다. 아마 종잡을 수 없으시겠지요. 이 주제는 실제로 아주 까다롭기 때문에 제 말씀을 주의 깊게 들어주시기 바랍니다. 그러면 디랙 이론의 본질을 어느 정도는 이해하게 될 것입니다.

아무튼 디랙은 우여곡절 끝에, 빈 공간이 전자로 빽빽이 채워져 있으며, 일정하고 무한히 높은 밀도로 분포되어 있다는 결론에 이르렀습니다. 그런데 왜 우리는 그것을 전혀 알아보지 못할까요? 왜 진공은 절대적으로 텅 빈 공간인 것처럼 생각될까요?

여러분이 깊은 바다 속에 사는 물고기라고 상상해 보세요. 그 물고기한테 지능이 있다면, 물고기가 물에 둘러싸여 있다는 것을 과연 의식할까요?

물고기 얘기가 나오자 강의 초반부터 졸기 시작했던 탐킨스 씨는 갑자기 말똥말똥해졌다. 어부 기질이 있는 그는 바다에서 신선한 바람이 불어오는 것을 느꼈고, 푸른 물결이 부드럽게 출렁이는 것만 같았다. 그는 수영을 잘했다. 그러나 물 위에 떠 있을 수가 없어서 점점 더 바다 깊이 내려가기 시작했다. 이상하게도 숨이 답답하지 않았고 오히려 더 편하기까지 했다. 그는 이것이 특수한 열성 돌연변이의 결과일 거라고 생각했다.

고생물학에 따르면 생명은 바다에서 태어났다고 한다. 메마른 뭍에 처음 올라왔다는 **폐어**는 해변으로 기어 나와 지느러미로 걸었을 것이다. 오스트레일리아의 네오세라토두스, 아프리카의 프로토프테루스,

---

(4) 레오 실라르드, 〈돌고래의 목소리와 다른 이야기들 *The Voices of Dolphins and Other Stories*〉 (사이먼 앤 슈스터, 뉴욕, 1961).

남아메리카의 레피도시렌 등으로 분류되는 최초의 이 폐어는 생쥐와 고양이, 사람 같은 육지 동물로 진화했다. 그러나 이들 폐어 가운데 고래나 돌고래 같은 것은 건조한 육지에서 살기가 어렵다는 것을 알고 바다로 되돌아갔다. 그들은 바다로 돌아간 다음에도 육지에서 생존 투쟁을 할 때 얻은 형질을 그대로 유지했다. 그래서 포유류로 그대로 남았는데, 이들의 암컷은 난자를 몸 바깥으로 내보내 나중에 수정하는 것이 아니라, 자기 몸 안에서 새끼를 잉태했다. 돌고래가 인간보다 더 총명하다고 한 것이 저 유명한 헝가리 과학자 레오 실라르드 *Leo Szilard*였던가?[4] 이런 생각에 잠긴 탐킨스 씨에게 불현듯 말소리가 들려왔다. 바다 깊은 곳에서 돌고래와 호모 사피엔스가 대화를 나누고 있었다. 탐킨스 씨는 그 사람을 단번에 알아보았다. 사진에서 본 적이 있었던 것이다. 그는 케임브리지 대학교수인 디랙이었다.

"폴, 여길 좀 봐요."

디랙이 돌고래와 대화를 나누고 있다.

돌고래가 디랙에게 말했다.

"당신은 우리가 진공 중에 있는 것이 아니라 마이너스 질량을 가진 입자들로 구성된 매질 속에 있다고 주장했어요. 내가 알기로는 물이 공간과 다를 게 없어요. 물은 고르게 분포되어 있기 때문에 나는 온 사방으로 자유롭게 움직일 수 있어요. 하지만 나의 고조할아버지의 고조할아버지의 고조할아버지로부터 전해 내려오는 얘기에 따르면, 건조한 육지는 살기가 아주 어렵다는 거예요. 웬만해서는 가로질러 갈 수 없는 산과 계곡도 많다죠. 하지만 이 물 속에서는 어디든 내가 가고 싶은 대로 갈 수가 있어요."

"이봐 친구, 바닷물일 경우에는 자네 말이 맞아."

디랙이 말했다.

"물은 마찰을 일으키기 때문에 자네가 꼬리와 지느러미를 움직이지 않으면 이동을 할 수 없지. 또 깊이에 따라 수압이 달라지니까, 자네는 몸을 팽창하거나 수축해서 물 위로 떠오르거나 아래로 가라앉을 수 있어. 만약 물에 마찰이나 수압이 없다면 자네는 로켓 연료가 떨어진 우주 비행사나 똑같은 신세가 될 거야. 마이너스 질량을 가진 전자로 가득 차 있는 나의 바다는 마찰이 전혀 없기 때문에 관찰할 수가 없어. 하지만 물리적 도구로 그런 전자가 없음을 관찰할 수는 있지. 음전하가 없다는 건 곧 양전하가 있다는 걸 뜻하니까 말이야. 그래서 쿨롱도 그걸 알 수 있었어.

그러나 나의 전자 바다와 실제 바다를 비교할 때에는 닮은 점만 따지지 말고, 한 가지 중요한 예외 사항을 알아야 해. 요컨대 디랙 바다를 형성하는 전자는 파울리 원리의 적용을 받는다는 거야. 그래서 모든 가능한 양자 상태들이 다 채워져 있을 때에는 디랙 바다에 단 하나의 전자도 보탤 수가 없어. 여분의 전자는 디랙 바다의 표면에 떠 있어서 실험물리학자들이 쉽게 목격할 수 있지. 전자의 존재는 조셉 톰슨 경 *Joseph J. Thomson*이 1899년에 최초로 증명했는데, 원자핵 주위를 도는 전자나 진공관을 통해 날아가는 전자 등이 바로 잉여 전자야. 내가 1930년에 첫 논문을 발표할 때까지만 해도 나머지 공간은 완전히 텅 비어 있는 것으로 생각되었어. 물리적 실체는 제로 에너지의 표면 위로 떠올라 어쩌다 일어나는 물보라 정도로 여겨졌던 거야."

"그러나 디랙 바다가 연속성을 가지고 있고 마찰이 없기 때문에 관찰이 불가능하다면, 그걸 얘기해봐야 아무 의미도 없는 게 아닌가요?"

돌고래가 물었다.

"한번 가정해볼까? 어떤 외부적인 힘 때문에 마이너스 질량의 전자 하나가 디랙 바다 깊은 곳에서 표면으로 떠올랐다고 해봐. 이 경우 관찰 가능한 전자의 수는 한 개가 증가하겠지. 이 전자는 에너지 보존 법칙에 위배되는 것으로 간주될 거야. 하지만 전자가 하나 빠져나간 디랙 바다의 빈 구멍은 이제 관찰할 수 있게 돼. 왜냐하면 고르게 퍼져 있는데서 음전하가 하나 빠졌다는 것은 곧 양전하가 하나 들어왔다는 얘기가 되니까. 이 양전하 입자는 플러스 질량을 가지고 있을 테고, 중력의 힘과 같은 방향으로 움직일 거야."

"그게 가라앉지 않고 떠오를 거란 얘기인가요?"

돌고래가 놀라며 물었다.

"그렇지. 물론 보통의 바다에 빠진 물체는 중력 때문에 밑으로 가라앉지. 가령 뱃전에서 바다로 내버린 물건도 그렇고, 경우에 따라서 배도 가라앉아. 하지만 저것 좀 봐! 저 조그만 은빛 물체들이 표면으로 떠오르는 게 보이지? 저것들의 움직임은 중력에 따른 것이지만, 정반대 방향으로 움직이고 있어."

"하지만, 저건 거품방울이잖아요. 저건 공기가 담긴 물건이 뒤집어져서 가라앉다가 바다 밑 바위에 부딪히면서 빠져나온 공기일 거예요."

"맞았어. 하지만 진공 중에서는 거품방울을 볼 수 없을 거야. 그래서 디랙 바다는 진공이 아니라는 거야."

"아주 영리한 이론이로군요. 하지만 그게 사실일까요?"

돌고래가 물었다.

"내가 1930년에 이걸 주장하자 아무도 믿지 않았어. 그건 내 실수 때문이었다고 할 수 있지. 당초에 나는 그 양전하가 당시 실험자들에게 잘 알려진 양성자일 수밖에 없다고 주장했거든. 자네도 알다시피 양성자는 전자보다 1,840배나 무거워. 그러나 나는 적절한 수학적 방법을 쓰면, 특정한 힘의 작용을 받는 가속에 대한 저항의 증가를 설명할 수 있을 거라고 보았어. 그래서 1,840이라는 숫자를 이론적으로 도출할 수 있을 것이라고 생각했지. 그러나 성공하지 못했어. 디랙 바다에서 떠오른 거품방울의 질량은 보통 전자의 질량과 정확히 똑같았던 거야.

그런데 유머 감각이 뛰어난 내 동료 파울리가 달려와서 '파울리 제2법칙'을 내놓았어. 이렇게 추측했지. 디랙 바다에서 전자가 하나 빠져나가 구멍이 생겼다면, 그 구멍 가까이 있던 보통 전자가 곧 그 구멍을 채워버릴 거라는 거야. 그래서 수소 원자핵의 양성자가 정말로 '구멍'이라면 그 주위를 돌고 있던 전자가 금방 그 구멍을 채워 버린다는 거지. 그리고 두 입자는 불빛(감마선 불빛)을 내뿜으며 사라져버릴 거라는 거야. 물론 다른 원소의 원자 경우에도 이런 일이 벌어질 수 있어. 파울리 제2법칙에 따르면, 물리학자가 내놓은 그 어떤 이론도 그 학자의 신체를 구성하는 물질에 적용될 수 있다는 거야. 그래서 내가 다른 사람에게 내 생각을 말하기도 전에 나는 파괴되어 버릴 수 있어. 이렇게!"

그리고 디랙은 복사 불빛과 함께 사라져 버렸다.

"이봐요."

짜증 섞인 말소리가 탐킨스 씨의 귀에 들렸다.

"강의실에서 자는 거야 자유지만, 코를 골면 어떡해요? 교수님 강의가 들리지 않는단 말예요."

탐킨스 씨는 번쩍 눈을 떴다. 강의실에는 여전히 사람들이 가득 들어차 있었고 노교수는 강의를 계속하고 있었다.

자, 무슨 일이 일어날까요? 떠돌아다니는 구멍이 디랙 바다의 편안한 자리를 노리는 잉여 전자를 만났습니다. 그 만남의 결과, 잉여 전자는 필연적으로 빈 구멍에 빠져서 그 구멍을 채울 게 분명입니다. 이런 현상을 보고 놀란 물리학자들은 이것을 양전자와 음전자의 **상호 소멸**이라고 생각할 것입니다. 빈 구멍에 빠질 때 자유롭게 된 에너지는 단파 복사의 형태로 방출되는데, 이것이 사라진 두 전자의 유일한 찌꺼기라고 할 수 있지요. 늑대 두 마리가 서로 잡아먹어서 아무것도 남은 것이 없었다는 저 유명한 동화 같은 이야기지요.

그러나 이와는 정반대로, 강력한 외부 복사 작용 때문에, 음전자와 양전자로 이루어진 전자쌍이 무에서 창조되는 과정을 상상해볼 수도 있습니다. 디랙 이론의 관점에서 보면, 이 과정은 연속 분포된 디랙 바다에서 전자 하나를 쫓아내는 것이 됩니다. 그래서 '창조'라기보다는 반대되는 두 전하로 분리된 것이라고 표현하는 게 옳을 것입니다.

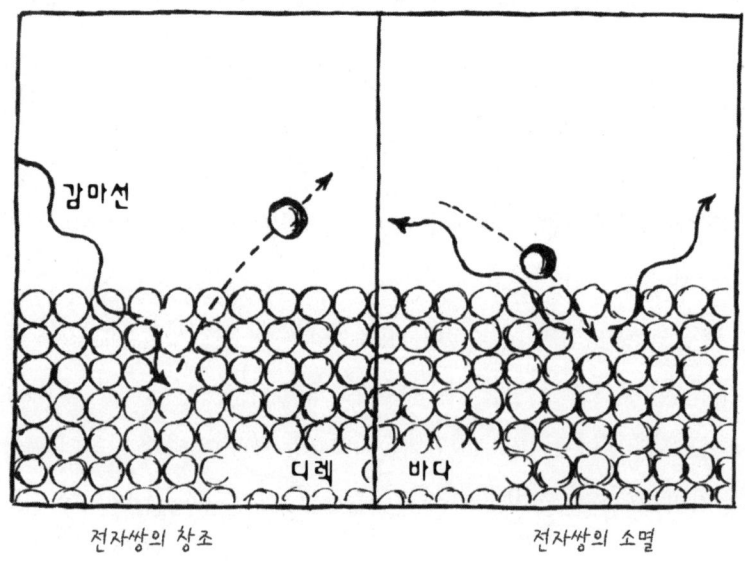

전자쌍의 창조   전자쌍의 소멸

지금 보여드리는 그림은 전자의 '창조'와 '소멸' 두 과정을 간략하게 그려본 것입니다. 이 그림을 보면 두 과정이 신비로울 게 없다는 것을 아실 것입니다. 여기서 꼭 덧붙이고 싶은 말이 있습니다. 엄밀히 말해서, 전자쌍의 창조가 완전한 진공 상태에서 발생할 수는 있지만, 그럴 확률이 지극히 작다는 것입니다. 진공 속의 전자 분포는 대단히 매끄러워서 좀처럼 깨뜨릴 수 없습니다. 하지만 전자 분포 속으로 파고 들어가는 감마선을 지원해주는 무거운 물질 입자가 있을 경우, 전자쌍 창조는 확률이 크게 증가해서 쉽게 관찰될 수도 있습니다.

그러나 이렇게 만들어진 양전자는 오래 존재하지 못할 것입니다. 이 우주에서 수적으로 크게 우위인 음전자를 만나 곧 사라질 테니까요. 이 흥미로운 입자가 비교적 늦게 발견된 것도 바로 그래서랍니다. 사실 양전자에 대한 최초의 보고서는 1932년 8월에 나왔습니다(디랙 이론은 1930년에 발표되었습니다). 미국의 물리학자 칼 앤더슨 *Carl Anderson*은 우주 복사를 연구하다가, 모든 면에서 음전자와 똑같지만 양전하를 가지고 있는 점만 다른 새로운 입자 곧 양전자를 발견했습니다. 이 보고서가 나온 직후, 우리는 실험실 조건에서 전자쌍을 만들어내는 간단한 방법을 알게 되었습니다. 강력한 고주파 복사선(감마선)을 그 어떤 물질에 쪼여도 전자쌍을 발생시킬 수 있었지요.

다음에 보여드릴 슬라이드는 '안개상자 사진'인데, 전자쌍 창조 과정과 우주선 속의 양전자를 보여주고 있습니다. 사진 설명을 드리기 전에 이 사진을 얻은 방법부터 말씀드리겠습니다. 윌슨 상자라고도

하는 안개상자는 현대 실험 물리학에서 널리 쓰이는 아주 유용한 도구입니다. 이것은 가스를 통과하는 모든 하전입자가 다수의 이온 궤적을 남기는 성질을 이용한 것이지요. 가스가 수증기로 가득 찬 상태가 되면 작은 물방울들이 이들 이온에 응축하게 되고, 그래서 모든 궤적에 엷은 안개 막을 형성하게 됩니다. 어둠을 배경으로 해서 이 안개 막에 강한 빛을 비추면 입자의 모든 운동 상태를 보여주는 완벽한 사진을 얻을 수 있습니다.

지금 보여드리는 두 사진 가운데 왼쪽 것은 앤더슨이 우주선 속의 양전자를 찍은 것입니다. 최초의 양전자 사진이지요. 수평의 넓적한 띠는 안개상자에 걸쳐놓은 두꺼운 납 판때기입니다. 양전자의 운동 궤적은 이 납판을 꿰뚫은 가느다란 곡선으로 나타나 있습니다. 궤적이 휘어진 것은 실험 도중 안개상자를 강력한 자장 속에 둠으로써 입자 운동에 영향을 주었기 때문이지요. 납판과 자장은 입자의 전하가 양전하인지 음전하인지를 알아내려고 쓴 것입니다.

전하를 알아내는 일은 다음과 같은 방식으로 진행됩니다. 자장에 따라 궤적이 휘어지는 방향은 움직이는 입자의 전하에 따라 다릅니다. 이 사진에서는 음전하일 경우 원래 운동 방향에서 왼쪽으로, 양전하일 경우에는 오른쪽으로 휘도록 조정되어 있었습니다. 그래서 사진 속의 입자가 밑으로 휘어지면 양전하, 위로 휘어져 올라가면 음전하를 지녔다는 것을 알 수 있습니다.

하지만 입자가 어느 쪽으로 움직이는지 어떻게 알 수 있을까요? 바

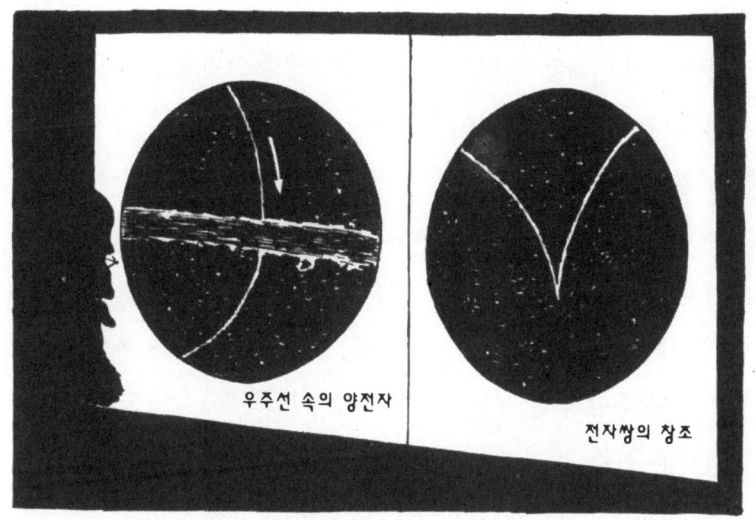

로 그것 때문에 납판이 동원되었습니다. 납판을 통과하면서 입자는 원래의 에너지를 일부 잃어버리게 됩니다. 따라서 자장에 따라 휘어지는 효과가 더욱 커집니다. 이 그림에서 운동 궤적은 납판 밑으로 크게 휘어져 있습니다. 따라서 이 입자는 양전하입니다.

오른쪽 사진은 케임브리지 대학의 제임스 채드윅 *James Chadwick*이 찍은 것인데, 안개상자 속에서 전자쌍이 창조되는 과정을 보여줍니다. 사진에는 감마선의 궤적이 보이지 않지만, 밑에서 들어온 강력한 이 감마선이 안개상자의 한복판에서 전자쌍을 하나 창조했습니다. 전자쌍 두 입자는 강력한 자장 때문에 서로 다른 방향으로 휘어져 날아가고 있습니다. 양전자는 곧 소멸한다고 했는데, 이 사진에서는 양전자(왼쪽에 있는 전자)가 가스를 통과하며 왜 사라지지 않는 걸까요? 그것은 디랙 이론으로 답할 수 있습니다. 아마도 골프를 좋아하는 사람이라면 쉽게 이해할 수 있을 겁니다. 골프공을 그린에 올릴 때는 아주 세게 칩니다. 그러면 조준이 정확했다 하더라도 공이 홀 속으로 들어가는 일이 없습니다. 아주 빠르게 구르는 공은 홀을 뛰어넘어 계속 굴러가 버리니까요. 마찬가지로 빠르게 움직이는 전자는 디랙의 구멍에 빠지지 않습니다. 따라서 양전자는 속도가 떨어지는 궤적 끝 부분에서 소멸할 가능성이 많습니다. 소멸과 더불어 발생하는 복사는 실제로 양전자의 궤적 끝 부분에서 나타난 것으로 관찰되었지요. 이것은 디랙 이론을 추가로 확인해주는 증거입니다.

이제 두 가지 요점만 더 말씀드리겠습니다. 첫째로, 나는 음전자를 디랙 바다의 범람으로, 양전자는 그 바다의 구멍으로 비유했습니다. 그러나 이 관점을 뒤집어서, 보통 전자(음전자)를 구멍으로, 양전자를 축출된 입자로 볼 수도 있습니다. 이 관점을 성립시키려면, 디랙 바다가 넘쳐나는 상태가 아니라, 오히려 입자가 부족한 상태라고 가정하기만 하면 됩니다. 이 경우 디랙의 고른 분포는 오히려 구멍이 숭숭 나 있는 스위스 치즈 같은 것으로 상상하면 될 것입니다. 입자들이 전체적으로 부족한 상태이기 때문에 구멍들은 영원히 존재하게 될 것입니다. 만약 입자 하나가 내쫓겼다면, 그 입자는 곧 구멍을 찾아 들어갈 것입니다. 이처럼 두 관점은 수학적, 물리학적으로 모두 완전히 동일한 것입니다. 따라서 우리가 어떤 관점을 선택한다 하더라도 실제적인 차이는 전혀 없습니다.

두 번째 요점은 다음과 같은 질문으로 표현할 수 있습니다.

"우리가 살고 있는 이 세계에 음전자가 압도적으로 많다면, 우주의 다른 세계에서는 이 현상이 역전될 수도 있지 않을까?"

달리 말하면, 우리 주위에서 디랙 바다가 넘쳐나는 게 자주 눈에 띄는데, 다른 곳에 가면 오히려 입자가 부족한 현상으로 나타나서 결과적으로 균형이 잡히는 게 아닐까?

이 질문은 매우 흥미롭지만 답변하기가 어렵습니다. 음원자핵 주위를 돌고 있는 양전자로 구성된 원자는 보통 원자와 같은 광학적 속성을 지니고 있을 테니까, 분광학적 관측으로 이 문제를 해결할 수는 없습니다. 안드로메다 성운의 물질은 우리와 정반대(음원자핵과 양전자)로 이루어져 있을 가능성이 있습니다. 그러나 이것을 입증할 수 있는 유일한 방법은 이 물질을 입수해서 지구상의 물질과 접촉시켜 서로 소멸시켜 보는 방법뿐입니다. 물론 이렇게 하면 엄청난 폭발이 일어날 것입니다! 지구의 대기 상에서 폭발한 운석이 이런 정반대의 물질일지 모른다는 가능성이 최근에 제기되었습니다. 하지만 나는 그 가능성이 믿을 만하다고 보지 않습니다. 우주의 다른 부분에 있는 디랙 바다가 넘쳐흐르는지 가물었는지는 아마도 영원히 풀리지 않을 것입니다.

15 탐킨스 씨, 일본 음식을 맛보다

 어느 주말, 모드는 요크셔에 사는 이모에게 갔다. 탐킨스 씨는 노교수를 모시고 유명한 일본전골 식당에서 저녁식사를 했다. 그들은 푹신한 방석에 앉아 온갖 맛좋은 일본 음식을 먹고, 작은 컵에 정종을 따라 마셨다.

 "탈러킨 박사의 강의 말예요."

 탐킨스 씨가 말했다.

 "원자핵 속의 양성자와 중성자가 여러 종류의 핵력으로 결속되어 있다고 들었는데, 핵력은 원자 속 전자를 결속하는 힘과 같은 힘인가요?"

 "아니! 핵력은 전혀 다른 힘이야. 원자 속 전자들은 보통의 정전기력 때문에 원자핵에 끌리지. 정전기력을 처음 밝힌 사람은 18세기 말의 프랑스 물리학자 샤를 오귀스탱 드 쿨롱 *Charles-Augustin de Coulomb*이야. 정전기력은 비교적 약한 힘인데, 중심으로부터의 거리의 제곱에 반비례해서 힘이 줄어들지. 핵력은 전혀 달라. 양성자와 중성자가 맞닿지 않고 서로 가까이 있기만 해서는 그 사이에 아무런 힘도 작용하지 않지만, 맞닿는 순간 엄청난 힘이 발생해서 서로를 결속하지. 그건 마치 접착테이프 같은 거야. 접착테이프도 조금만 떨어져 있으면 달라붙지 않지만, 붙여놓으면 철썩 달라붙잖아. 물리학자들은 이런 힘을 '강한 상호작용'이라고 하지. 이 힘은 두 입자의 전하와도 관계가 없어. 양성자와 중성자, 두 양성자, 두 중성자 사이에는 모두 똑같이 강한 핵력이 작용하지."

"그런 힘을 설명해주는 이론이 있나요?"

탐킨스 씨가 물었다.

"물론 있지. 1930년대 초에 유카와 히데키湯川秀樹가 내놓은 이론에 따르면, 핵력은 두 핵자가 어떤 알지 못하는 입자를 주고받기 때문에 생긴다는 거야. 핵자는 양성자와 중성자를 모두 일컫는 것인데, 두 핵자가 맞닿으면 이 신비스러운 입자들이 두 핵자를 왕래하면서 아주 강력한 결속력을 떨친다는 거지. 유카와는 이론적으로 이 입자의 질량이 전자보다 약 200배 클 거라고 계산했어. 양성자나 중성자의 10분의 1쯤 되는 셈이야. 그리고 이 입자를 '메사트론 *mesatron*'이라고 명명했지. 그런데 그리스?로마어 교수였던 베르너 하이젠베르크의 아버지가 이런 명명은 문법에 위배된다고 항의하고 나섰어. 그러니까 '전자 *electron*'라는 이름은 호박 *amber*을 의미하는 그리스어 ἤλεκτρον 에서 나왔고, '양성자 *proton*'는 첫째를 의미하는 그리스어 πρῶτον 에서 나온 거야. 유카와의 입자는 **중간**을 의미하는 그리스어 μέσον(*meson*)에서 나왔는데, 이 낱말에는 *r*자가 없어. 그래서 국제 물리학 대회에서 하이젠베르크는 메사트론을 '메손 *meson*'으로 바꾸자고 주장했지. 일부 프랑스 물리학자들은 이렇게 바꾸는 걸 반대했어. 메손은 집을 가리키는 프랑스어 메종 *maison*을 떠올리게 한다는 이유였지. 하지만 이들의 의견은 무시되고 지금은 메손이라는 이름으로 정착되었어. 아니, 저 무대 좀 봐. 사람들이 메손 쇼를 공연하려고 모여들었군."

여섯 명의 게이샤가 무대에 올라 죽방울 *bilboquet*(구멍 뚫린 나무 공을 작은 방망이에 끈으로 매달아 공중에 던졌다가 방망이의 뾰쪽한 끝에 끼워 잡는 장난감—옮긴이주) 놀이를 하기 시작했다. 그들은 방망이 대신 두 개의 컵을 이용했다. 그때 무대 배경에 한 남자의 얼굴이 나타나 노래를 불렀다.

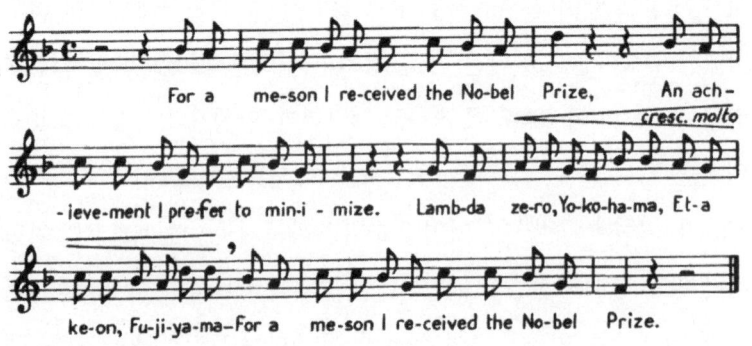

메손 덕에 나는 노벨상을 받았다네,
굳이 알리고 싶지 않은 그 업적으로.
람다 제로, 요코하마,
에타 케온, 후지야마 –
메손 덕에 나는 노벨상을 받았다네.

일본에서는 그걸 유콘이라고 부르자 했네.
나는 반대했지, 나는 겸손한 사람이므로.
람다 제로, 요코하마,
에타 케온, 후지야마 –
일본에서는 그걸 유콘이라고 부르자 했네.

"그런데 세 쌍의 게이샤가 나온 것은 왜죠?"

탐킨스 씨가 물었다.

"메손 교환의 세 가지 가능성을 나타내는 거지. 세 종류의 메손이 있을 수 있으니까 말이야. 양전하, 음전하, 중성 이렇게 셋이지. 이 셋 모두가 핵력 생산에 참여하는 거야."

"그럼 모두 여덟 개의 소립자가 있군요."

탐킨스 씨가 손을 꼽으며 말했다. "중성자, 양성자, 중성미자, 음전자, 양전자, 세 종류의 메손."

"아니야! 여덟 개가 아니라 여든 개도 넘어. 처음에는 두 종류의 메손이 발견되었어. 그리스 문자 π로 표기하고 파이온이라고 부르는 무거운 메손과, μ(뮤)로 표기하고 뮤온이라고 부르는 가벼운 메손이 그 것이지. 파이온은 고에너지 양성자가 공기를 형성하는 가스의 원자핵과 부딪치면서 대기권 언저리에서 생성되지. 그러나 파이온은 대단히 불안정해서 지표면에 이르기 전에 뮤온과 뉴트리노로 쪼개져. 뉴트리노는 아주 신비한 입자인데, 질량도 전하도 갖지 않은 상태로 에너지를 운반하기만 한다네. 뮤온은 다소 오래 살아서, 그래봐야 수백만 분의 1초지만, 아무튼 지표면에 도달할 수는 있어서, 지표면에서 보통 전자와 두 개의 뉴트리노로 붕괴하지. 우리는 이 붕괴를 관찰할 수 있어. 이밖에도 그리스 문자 κ(카파)로 표기하는 케온 *keon*이라는 입자도 있지."

"저 게이샤들이 사용하는 공은 어떤 입자인가요?"

게이샤들이 특이한 축방울 놀이를 하고 있다.

탐킨스 씨가 물었다.

"아마도 중성 파이온일 거야. 그게 가장 중요한 메손이니까. 하지만 확실치는 않아. 요즘 거의 매달 발견되는 새로운 입자들은 대부분 너무 수명이 짧다네. 어떤 것들은 광속으로 움직이면서도 발생지에서 몇 센티미터 거리에서 붕괴해 버리지. 그래서 기구에 실어 대기권에 띄워 보낸 장치조차도 그 입자를 찾아내지 못해.

그렇지만 우리는 이제 강력한 입자 가속기를 가지고 있으니까, 양성자를 수십억 전자볼트에 이르는 높은 에너지까지 가속할 수 있어. 그런 가속기 가운데 로렌스트론이라고 부르는 기계가 여기서 얼마 떨어지지 않은 언덕에 설치되어 있다네. 그걸 자네에게 보여주지."

그들이 차를 타고 잠깐 달려가니 입자 가속기를 설치한 커다란 건물이 나타났다. 탐킨스 씨는 거대한 기계의 복잡한 구조를 보고 감명을 받았다. 그러나 노교수의 설명을 듣고 보니 그 원리는 골리앗을 때려잡은 다윗의 돌팔매 끈의 원리와 다를 게 없었다. 하전입자는 거대한 드럼의 중심부로 들어가 넓어지는 나선형으로 계속 돌면서, 전기 충격으로 가속되는 한편, 강력한 자장으로 통제가 되었다.

"전에도 이런 기계를 본 것 같은데요."

탐킨스 씨가 말했다.

"원자 충돌기라고도 부르는 사이클로트론 말예요."

"그래. 자네가 본 기계는 원래 로렌스 박사가 발명한 것이었지. 이 기계도 같은 원리로 만든 거야. 하지만 수백만 전자볼트 단위가 아니라 수십억 전자볼트 단위로 입자를 가속할 수 있지. 미국에서는 이런 기계가 두 대 제작되었어. 하나는 캘리포니아 주 버클리에 있는데, 수십억 전자볼트의 에너지를 가진 입자를 생산한다고 해서 베바트론 Bevatron이라고 부르지. 이것은 아주 미국적인 이름이야. 미국에서는 10억을 billion(빌리언)이라고 부르니까. 하지만 영국에서는 1조를 billion이라고 부르기 때문에 영국에서는 베바트론이란 이름을 쓰지 않겠지. 또 입자 가속기는 롱아일랜드의 브룩헤이븐에 있는데 코스모트론 Cosmotron이라고 부르지. 이 이름에는 약간 과장이 섞였어(Cosmotron에서 Cosmo는 Cosmos, 즉 우주를 뜻한다─옮긴이주). 자연계의 우주선은 코스모트론이 내놓는 것보다 더 높은 에너지를 갖고 있기 때문이지. 유럽에서는 제네바에 있는 유럽 핵연구기관 CERN이 미국 것과 비슷한 가속기를 제작했지. 러시아에도 모스크바 가까운 곳에 이런 비슷한 기계가 있다네. 흐루시초프트론이라고 부른다는데, 머잖아 브레주네프트론으로 개명될 거야."

탐킨스 씨는 주위를 돌아다보다가 이런 간판이 걸린 문을 보았다.

앨버레즈의 액체 수소
욕조 시설

"저건 뭐죠?"

탐킨스 씨가 물었다.

"아, 그거? 이 로렌스트론은 점점 더 높은 에너지로 더욱 다양한 소

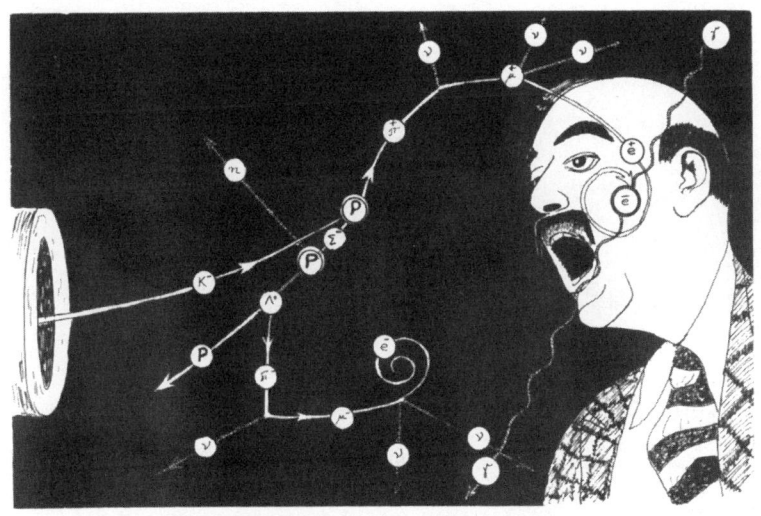

소립자들이 토끼처럼 수가 늘어나고 있다.

립자를 계속 많이 만들어내고 있어. 이 입자들의 궤도를 관찰하고 입자의 질량과 수명, 상호작용, 다른 특성, 홀짝성 등을 계산함으로써 소립자를 분석하기 위한 거지. 옛날에는 1927년 노벨상 수장자인 찰스 윌슨 Charles T. R. Wilson이 발명한 안개상자를 이용했어. 당시 물리학자들은 기껏 몇 백만 전자볼트의 에너지를 가진 고속의 하전입자를 안개상자에 통과시켜 관찰했지. 윗부분에 유리를 댄 이 상자는 수증기가 가득 찬 공기로 채워진 거야. 상자 밑바닥을 갑자기 잡아당기면 상자 안의 공기가 팽창해서 냉각되고, 그 결과 수증기는 과포화 상태가 되어 매우 작은 물방울로 맺히는 거야. 윌슨은 이런 물방울 응축 현상이 가스의 하전입자, 즉 이온 주위에서는 더욱 빨리 진행된다는 것을 발견했어. 그러나 가스는 안개상자를 통과하는 하전된 투사입자의 궤적을 따라 이온화되지. 그래서 줄무늬 모양의 안개가 상자 옆에 달린 광원의 빛을 받으면, 상자 바닥에 검게 칠해진 부분에 뚜렷이 나타나게 되는 거야. 지난번 강의 때 내가 보여준 사진들을 떠올려 보게.

그러나 우리가 전에 연구하던 것들보다 수천 배 더 큰 에너지를 가진 우주선 입자의 경우에는 상황이 달라. 이 입자의 궤적이 너무 길어서 공기로 채워진 안개상자로는 그 궤적을 처음부터 끝까지 추적할 수가 없거든. 전체 그림의 아주 작은 부분만 관찰할 수 있지.

그러나 최근에 미국의 젊은 물리학자 도널드 글레이저 *Donald A. Glaser*가 획기적인 진보를 이룩했지. 1960년 노벨상을 받은 그는 이렇게 얘기했어. 어느 날 술집에 우울하게 앉아 있다가, 앞에 놓인 맥주병에서 거품이 부글거리는 것을 보게 되었어. 그때 문득 이런 생각이 들더라는 거야.

'찰스 윌슨은 가스 속의 물방울을 연구했는데, 그렇다면 내가 액체 속의 가스 거품을 연구해서 획기적인 결과를 얻지 말라는 법이 어디 있는가?'

여기서 기술적인 얘기는 하지 않겠네. 그런 장치를 만들어내는 데 따르는 어려움도 덮어두자구. 자네 머리로는 이해하지 못할 테니까.

하지만 알아둘 게 있어. 우리가 '거품상자'라고 부르게 된 그 상자가 제대로 작동하려면 상자 속 액체는 액체 수소여야 하고, 온도는 섭씨 영하 253도 정도가 되어야 했어. 이 옆방에는 루이 앨버레즈 *Louis Alvarez*가 만든 대형 용기가 있는데, 액체 수소로 가득 차 있지. 우리는 흔히 이 장치를 '앨버레즈의 욕조'라고 부른다네."

"부르르…, 그 욕조에 들어가긴 너무 춥겠어요."

탐킨스 씨가 말했다.

"욕조 안에 들어갈 필요는 없어. 투명 벽을 통해 입자의 궤적만 살피면 되니까."

욕조는 평소처럼 정상 작동하고 있었고, 주위에 설치된 카메라가 계속 스냅 사진을 찍고 있었다. 욕조는 커다란 전자석 안에 설치되어 있었는데, 전자석은 입자들의 운동 속도를 측정하기 위해 운동 궤적을 전자석의 힘으로 구부리고 있었다.

"사진 한 장 찍는 데 몇 분밖에 걸리지 않아요."

앨버레즈가 설명해 주었다.

"그래서 하루에 수백 장씩 찍고 있지요. 기계가 고장 나서 수리를 하지 않는 한 말예요. 우리는 모든 사진을 면밀히 검토하고, 운동 궤적을 자세히 분석하고, 곡률도 세심하게 측정하지요. 사진이 얼마나 흥미로운가, 여직원들이 얼마나 빠르게 분석하는가에 따라, 몇 분이 걸리기도 하고, 한 시간이 걸리기도 한답니다."

"여직원이라고요?"

탐킨스 씨가 물었다.

"분석을 전부 여성들이 하나요?"

"아, 아니에요. 여직원의 대다수는 사실 남자예요. 하지만 이런 작업의 경우에는 성별에 관계없이 **여직원**이라는 용어를 쓴답니다. 타이

피스트나 비서라는 말이 여성을 떠올리는 것과 같은 이치예요. 우리 실험실에서 나온 사진을 현장에서 모두 분석하려면 수백 명의 여직원이 있어야 할 겁니다. 이건 좀 문제지요. 그래서 우리는 많은 분량의 사진을 여러 대학에 보냅니다. 대학에는 로렌스트론이나 거품 욕조를 들여놓을 돈은 없지만, 사진을 분석하는 장치 정도는 갖추고 있지요."

"이런 일을 하는 기관은 이곳뿐인가요?"

탐킨스 씨가 물었다.

"아, 아니에요! 비슷한 기계가 뉴욕 주 롱아일랜드의 브룩헤이븐 국립 실험실에도 있지요. 또 스위스의 CERN 실험실에도 있고요. 러시아의 모스크바 근교 슈첼쿤시크(호두까기) 실험실에도 있답니다. 그들은 건초 더미에서 바늘을 찾아내는 작업을 하고 있는 셈이지요. 제발이지 가끔 하나씩이라도 찾아내면 좋으련만!"

"그런데 왜 이런 일을 계속하고 있는 거죠?"

탐킨스 씨가 놀라서 물었다.

"새로운 소립자를 찾아내기 위해서죠. 이것은 건초 더미에서 바늘을 찾는 것보다 더 어려운 일이랍니다. 기존의 소립자들 사이의 상호작용을 연구하려는 목적도 있고요. 이 벽에 걸린 도표 좀 보세요. 도표에서 보다시피 멘델레예프 주기율표의 원소 숫자(63종)보다 더 많은 입자들이 이미 발견되었어요."

"다만 새로운 입자를 발견하기 위해 이처럼 엄청난 노력을 하고 있단 말인가요?" 탐킨스 씨가 물었다.

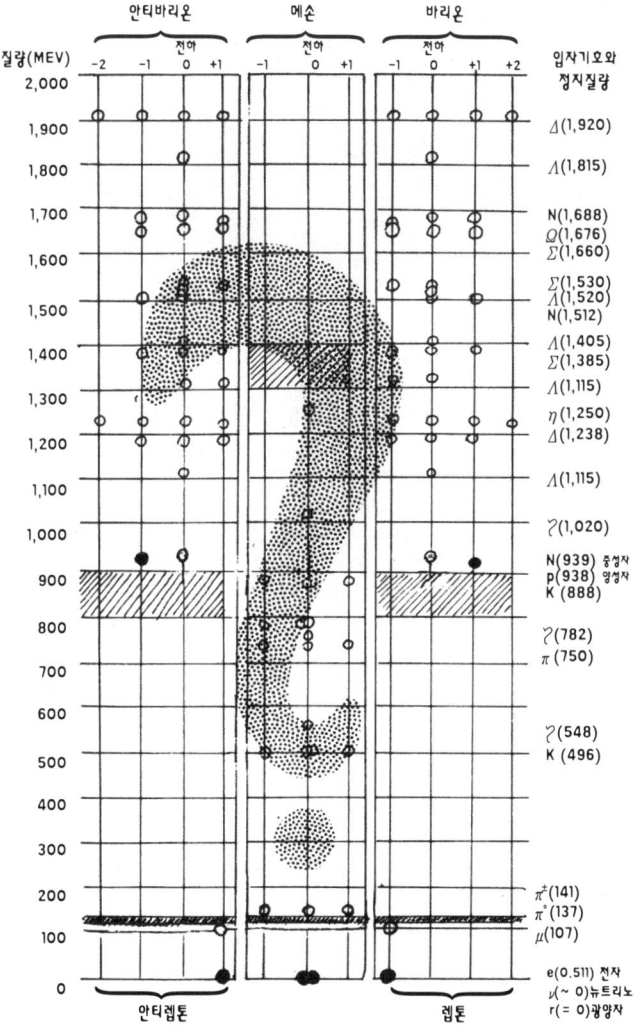

멘델레예프의 주기율표보다 복잡한 소립자표!
(《사이언티픽 어메리컨》 1964년 2월호, 차우 G. F. Chow,
머리 겔만 Murray Gell-Mann, 로젠펠트 A. H. Rosenfeld가 발표)

"이런 게 바로 과학이야."

노교수가 말했다.

"대형 성단이든, 작은 박테리아든, 소립자든, 주변의 모든 것을 이해하려는 인간 정신이 바로 과학이지. 우리는 이 일이 너무나 재미있고 너무나 신나기 때문에 이 일을 계속하고 있는 거야."

"하지만 과학은 인간의 편의와 복지를 증진시키는 실용적인 목적에 봉사해야 하지 않나요?"

"물론 그래야지. 하지만 그건 부차적인 목적일 뿐이야. 자네는 음악의 주된 목적이 뭐라고 생각하나? 나팔수를 시켜 아침에 병사들을 깨우고, 식사 시간을 알리고, 전장에 나가라고 닦달하기 위한 것일까? 사람들은 '호기심이 고양이를 죽인다(호기심 때문에 신세 망친다)'고들 말하지. 나는 이렇게 말하겠어. '호기심이 과학자를 만든다.'"

그리고 탐킨스 씨와 헤어지며 노교수가 말했다.

"잘 자게."

추천사

임경순(현 포항공대 과학문화연구센터장)

학창 시절 물리학도로서의 꿈을 키워주는 데 결정적인 역할을 했던 가모브의 대중과학서를 이제금 다시 보게 되어 참으로 감회가 새롭다. 내가 가모브의 책을 처음으로 접한 것은 지금부터 약 30여 년 전인 중고등학교 시절이었던 같다. 요즈음처럼 입시 경쟁이 치열했던 시기였지만 물리에 흥미를 가졌던 나는 몇몇 교양과학 도서를 구입하여 집에서 탐독하던 기억이 난다. 당시에 몇 안 되는 과학도서 출판사에서는 상대성이론이나 양자역학과 같은 물리학 내용을 일반인들에게 쉽게 설명하는 책을 출판했는데, 그 가운데 오늘 내가 다시 보게 된 가모브의 책이 포함되어 있었다. 무엇보다도 〈물리학을 뒤흔든 30년〉과 탐킨스 시리즈는 필자에게 아주 강한 인상을 심어주었다. 그때 소장했던 책들은 집을 떠나 군대 생활을 하는 동안 어디론가 사라졌지만, 그 책에 들어 있던 그림들은 아직도 기억 속에 생생하다. 빛의 속도가 느린 도시에서 자전거를 타고 달리는 탐킨스가 빈대떡처럼 아주 얇아진 모습이나 양전자가 존재하는 세계 속에서 돌고래와 대화를 나누는 디랙의 모습은 특히 인상적이었다.

가모브의 책은 아주 재미난 이야기로 되어 있기 때문에 당시 나는 그 책의 내용을 어느 정도 이해했다고 생각했다. 나중에 대학 고학년이 되어서야 분명히 알게 된 것이지만 사실 가모브의 책은 굉장히 어려운 내용을 포함하고 있었다. 물리학을 공부하다가 다시 분야를 바꾸어 현대물리학사를 전공하게 되면서 필자는 가모브라는 인물을 새로운 각도에서 접할 수 있게 되었다. 이제는 가모브가 남긴 학문적인 업적뿐만 아니라 그가 살다간 인생의 흔적에 대해서도 상세하게 알게 되었고, 다시금 가모브에게 보다 깊은 인간적인 애정을 느낄 수 있게 되었다.

1956년 이후 가모브는 미국의 지방 대학인 한적한 콜로라도 대학으로 자리를 옮겨 학문적으로 아주 고립된 생활을 했다. 그는 엄청난 술고래였고 이런 폭주 습관 때문에 학회에서 잦은 실수를 했는데, 이런 특이한 행동은 그로 하여금 전문적인 물리학 공동체로부터 고립되게 만들었다. 하지만 이 시기에도 그는 여러 대중과학서를 계속 집필함으로써 대중들의 사랑을 계속 받았다. 마침내 1965년 벨전화연구소에서 우주배경복사가 발견됨으로써 가모브가 창시한 빅뱅이론은 경쟁 이론이었던 안정상태우주론을 누르고 현대우주론의 정설로 받아들여졌다. 빅뱅이론 이외에도 가모브가 물리학을 떠나 잠시 외도를 하다가 창안한 유전정보의 암호화 이론은 생명과학 분야에서 아주 핵심적인 이론으로 자리 잡았다.

물리학사를 전공하게 되고 대중을 상대로 어려운 과학의 내용을 쉽게 풀어 설명하는 작업을 자주 하게 되면서 필자는 난해한 양자역학이나 상대성이론을 쉽고도 재미있게 설명한 가모브의 능력에 대해 새삼 감탄하지 않을 수 없다. 전문적인 현대물리학의 내용을 쉽게 설명하다 보면 어쩔 수 없이 내용을 정확하게 전달하지 못하고 상당 부분 왜곡을 하게 되거나 아예 엉터리 내용이 되기가 일쑤다. 가모브의 대중과학서는 재미있으면서도 그 속에 들어 있는 과학지식 또한 놀랄 만큼 정확하다. 그의 책의 상당 부분은 대폭발이론이 아직 정설로 받아들여지지 않던 시기에 집필되었다. 그럼에도 상대편 학자들의 기분을 상하지 않게 하면서도 자신의 주장을 무리 없이 소개하고 있다는 것은 가모브만이 지닌 재능일 것이다.

어린 시절의 아련한 기억 속에 남아 있던 가모브의 대중과학서를 오늘날 다시 보게 되는 기쁜 마음을 새로 이 책을 읽게 될 청소년들과 함께 나누고 싶다.

George Gamow

지은이 조지 가모브에 대하여

조지 가모브는 1904년 러시아에서 태어난 미국 핵물리학자며 우주론 학자다. 거대한 폭발로 우주가 형성되었다는 빅뱅 이론을 옹호했던 선구자이고 DNA를 연구하여 현대 유전학의 발판을 마련했다.

그는 어려서부터 과학에 흥미를 가졌으며 1년 동안 고생물학에 몰두한 적도 있었다. 이 경험으로 인해 "새끼발가락 모양을 보고도 고양이와 공룡을 구분할 수 있게 되었다"고 말하기도 했다. 레닌그라드 대학에 입학하여, 우주는 팽창한다고 주장했던 수학자이자 우주론 학자인 알렉산더 프리드만과 함께 연구했다. 그러나 그 당시에는 프리드만의 착상을 따르지 않고 양자론에 열중했다. 1928년 레닌그라드 대학에서 박사 학위를 받고 외국 유학 장학금을 받아 괴팅겐 대학에서 1년간 연구했다. 이곳에 있을 때 방사능 원소가 어떤 것은 수천 년에 걸쳐서, 또 어떤 것은 수 초 내에 붕괴된다는 것을 설명한 방사능 양자이론을 발전시켰다.

이러한 업적으로 1928~1929년에 코펜하겐 이론물리학 연구소의 특별 연구원으로 닐스 보어와 같이 연구했고 이론 핵물리학에 대한 연구를 계속했다. 또 원자핵물리에 '물방울' 모델을 제시하여 핵융합과 분열에 관한 현대 이론물리학의 발판을 마련했고, F. 후터만스, R. 앳킨슨과 함께 항성 안에서의 열핵반응 비율 이론을 발전시켰다. 1929~1930년에는 영국 케임브리지 대학의 캐번디시 연구소에서 어니스터 러더퍼드와 함께 연구했다. 그 후 러시아로 되돌아가 레닌그라드 과학 아카데미의 연구원이 되었다가 1933년 영원히 고국을 떠났다. 그 후 파리와 런던에서 강의했으며 여름에는 미국의 미시간 대

George Gamow

학교에서 강의했다. 1934년 미국으로 이민, 워싱턴 D.C.의 워싱턴 대학교에서 물리학 교수가 되었으며, 1936년에는 에드워드 텔러와 함께 전자가 방출되는 핵붕괴 과정인 베타 붕괴 이론을 내놓았다. 1940년에 미국 시민이 되었고 제2차 세계대전 전부터 종전 후까지 미국의 육해공군 및 원자력 위원회의 고문으로 일하기도 했다.

곧이어 좁은 영역에서의 핵변이 과정과 우주론 연구를 다시 시작했고, 1942년에는 텔러와 함께 적색 거성의 내부 구조를 연구하면서 자신의 핵반응 이론을 항성 진화에 적용했다. 가모브는 이러한 연구 과정을 통해 태양 에너지는 핵융합 반응의 결과라고 가정했다. 또한 가모브는 알렉산더 프리드만, 에드윈 허블, 조르주 르메트르 등이 주장했던 팽창 우주론을 지지하였고, 이 이론을 수정하여 '빅뱅'이라고 이름 붙였다. 가모브는 우주가 시작된 대폭발 초기에 열핵폭발을 가정하여 우주에 퍼져 있는 화학 물질의 분포를 설명하려 했다. 이 이론에 따르면 대폭발 후 2중합이나 3중합에 의해 중성자가 잇따라 포획되어 원자핵이 만들어졌다는 것이다.

가모브는 1954년 생화학 분야에도 과학적 관심을 두어 유전 암호를 제안했다. 그 암호는 DNA의 기본 성분인 3중 뉴클레오티드의 발생 순서에 따라 결정된다고 주장했는데, 이 이론은 급속히 발전된 유전 이론에 의해 그 타당성이 입증되었다.

가모브는 6개 국어를 말할 줄 알았고 인기 있는 강의를 자주 하는 편이었다. 그의 영어에는 이들 6개 국어의 억양이 고루 들어가 있었기 때문에, 그 여섯 나랏말은 모두가 '가모브어 *Gamoviani* 라는 동일 언어의 여섯 가지 방언처럼 들린다고 그의 동료들은 농담으로 말했다. 가모브식 언어에는 그의 독특한 문학적 향기가 어려 있었고 따뜻한 유머가 깔려 있었다. 이러한 문학적 재능은 그의 저서 탐킨스 시리즈에서도 유감없이 발휘되고 있다.

가모브는 1956년부터 사망할 때까지 콜로라도 대학에서 물리학 교수로 재직했다. 상대성이론, 우주론, 양자론 등 어려운 물리학 주제를 쉽게 설명한 책을 써서 일반인들에게도 널리 알려졌다. 미국과 영국은 물론이고 다른 모든 서구의 서평가들은 입을 모아, 과학을 일반인에게 쉽게 해설한 최고의 과학자로 가모브를 꼽는다. 그림에도 소질이 많아서 자신이 펴낸 여러 책자의 삽화를 손수 그렸다. 특히 〈탐킨스 씨 시리즈〉의 저자 삽화는 이탈리아 화가 산드로 보티첼리의 영향을 받은 것으로 평가되고 있다.

가모브의 저서로는 〈신비한 나라의 탐킨스 씨〉(1940), 〈태양의 탄생과 죽음〉(1941), 〈탐킨스 씨, 원자를 탐구하다〉(1944) 이외에 〈지구라는 이름의 행성〉(1965) 등 20권에 가까운 책이 있으나, 이중에서 1940년과 1944년에 나온 두 권의 탐킨스 시리즈를 합본한 〈조지 가모브, 물리열차를 타다 *Mr. Tomkins in paperback*〉(1965)가 가장 유명하다. 이 책은 영국 케임브리지 대학 출판국에서 1쇄가 발행된 이후 35년 동안 한 해도 거르지 않고 중판에 중판을 거듭한 세계적 스테디셀러다.

〈*Mr. Tomkins in paperback*〉 1996년 판을 우리말로 완역한 것이 바로 이 책인데, 특히 이 판에는 로저 펜로즈(1931~)가 추천사를 헌정하여 책을 더욱 빛나

George Gamow

게 해주었다. 펜로즈는 스티븐 호킹과 함께 블랙홀 이론을 주창한 세계적인 수학자며 물리학자다. 현재 옥스퍼드 대학교에서 교수로 재직 중인 그는 어릴 때 이 책을 읽고 받은 감명을 토로하고 있는데, 이것만 보아도 이 책의 가치와 영향력을 새삼 실감할 수 있다. 가모브는 과학을 널리 보급시킨 업적으로 1956년 유네스코로부터 칼링거 상을 받았으며 1965년에는 케임브리지 대학 처칠 칼리지의 펠로가 되었다. 그 밖의 덴마크 왕립과학 아카데미 회원(1950), 미국 국립과학 아카데미 회원(1953)이 되는 등의 수많은 명예를 누렸다.